我们一起解决问题

青少年心理危机干预

Emotionally Naked

A Teacher's Guide to Preventing Suicide and Recognizing Students at Risk

［美］ 安妮·莫斯·罗杰斯（Anne Moss Rogers）
金伯莉·H.麦克马纳马·奥布莱恩（Kimberly H. McManama O'Brien） 著

大儒心理团队 译

人民邮电出版社
北 京

图书在版编目（CIP）数据

青少年心理危机干预 / （美）安妮·莫斯·罗杰斯
(Anne Moss Rogers)，（美）金伯莉·H.麦克马纳马·奥
布莱恩（Kimberly H. McManama O'Brien）著；大儒心
理团队译. -- 北京：人民邮电出版社，2024.7
　ISBN 978-7-115-63606-5

　Ⅰ. ①青… Ⅱ. ①安… ②金… ③大… Ⅲ. ①青少年
－心理健康－健康教育 Ⅳ. ①G444

中国国家版本馆CIP数据核字(2024)第018997号

内 容 提 要

如今，青少年的心理健康问题越来越受到重视，而老师在这场变革中的作用将无可替代，甚至能左右事情的走向和最终的结局。因为老师与学生们朝夕相处，毫无疑问，他们比其他人更了解学生。

本书的目标是让教育工作者认识到，他们在心理健康领域和预防青少年自杀工作中拥有举足轻重的地位，同时为他们提供相关的知识、工具、技巧和思路，以便在学校管理和教学工作中围绕办学宗旨，重新塑造校园风气，切实有效地提高学生的身心健康水平，杜绝自杀等恶性事件发生。本书的目的不是把老师培养成心理干预专家或专业心理咨询师，而是希望能帮助他们及时、准确地留意并识别那些需要心理干预的学生，引导这些学生大胆地吐露心声。因为积极、真诚的聆听，是开导学生时强有力的第一步。

在今天这个忙碌的社会里，有人情味儿的交往和聆听的艺术越来越被忽视，勿以善小而不为，一个充满友善的小小举动甚至表情都可能在关键时刻拉别人一把。对孩子们来说，一个充满温情的成年人所给予的积极影响足以改变他们的人生。

◆　　　著　　［美］安妮·莫斯·罗杰斯（Anne Moss Rogers）
　　　　　　　　［美］金伯莉·H.麦克马纳马·奥布莱恩
　　　　　　　　　（Kimberly H. McManama O'Brien）
　　　　　译　　大儒心理团队
　　　责任编辑　黄海娜
　　　责任印制　彭志环
◆　人民邮电出版社出版发行　　北京市丰台区成寿寺路 11 号
　　邮编　100164　　电子邮件　315@ptpress.com.cn
　　网址 https://www.ptpress.com.cn
　　北京天宇星印刷厂印刷
◆　开本：720×960　1/16
　　印张：15　　　　　　　　　　　　2024 年 7 月第 1 版
　　字数：260 千字　　　　　　　　2025 年 1 月北京第 7 次印刷
　　著作权合同登记号　图字：01-2021-6566 号

定　价：69.00 元
读者服务热线：（010）81055656　印装质量热线：（010）81055316
反盗版热线：（010）81055315
广告经营许可证：京东市监广登字 20170147 号

译者序

|心疼孩子，帮助青少年|
心理危机干预如何面对时代命题

自我从医以来，起初的十年是经济相对不发达的十年，那时候，临床上以由遗传、贫困、营养不良、卫生条件差导致的疾病为主，包括肺结核、病毒性肝炎、风湿性心脏病和重性精神病。在我职业生涯的第 2 个十年，也就是从2000 年到 2010 年，随着国力日益增强，人民日益富裕，人们的疾病谱也在悄然发生一些变化。由营养过剩、运动缺乏导致的"富贵病"，如高血压、高血糖、高血脂开始成为常见疾病。而在精神科，焦虑、抑郁等神经官能症水平的问题（包括人格障碍）越来越突出。自新冠肺炎疫情以来，各类心理问题，尤其是青少年的心理问题开始爆发，其中青少年非自杀性自伤、青少年极端事件成倍增长。青少年心理咨询需求爆发，成为当今世界必须面对的重大挑战。其中，对陷入学业、家庭、同伴交往困境中的青少年进行心理危机干预，成为心理咨询师和精神科医生必备的技能。

作为一名心理咨询师，特别是常需要做心理危机干预的咨询师，常有人问我，做心理咨询，尤其是心理危机干预，接触的都是消极、绝望的情绪，如何不被它们吞没？如何消解这些负能量？

心理咨询是这样一种专业工作，即心理咨询师会陪伴、支持和帮助来访者走出他们人生的至暗时刻。那么，为什么我没有被"黑暗"吞没，依然积极地投入每天的咨询中呢？因为我经历和见证过各种黑暗、软弱与恶，也总在思考、学习和理解这些黑暗、软弱与恶。所有的软弱与恶，无非源于我们经历过伤害，因而不信任他人和感到自卑。为了克服内心的不安和痛苦，人们才会做出攻击、伤害和疯狂的行为。但即便最邪恶的灵魂，也会对亲密、温暖有所渴求，还有良知的灵光一现。

因此，我经历和思考得越多，反而越能感受到人性的美，从内到外绽放的美，即便在最黑暗的时刻，我也可以感受到、听到、看到有美好在闪耀。

这种美好是即便身处绝望中还有梦想；是历经难以想象的苦难和创伤依然热爱生活；是即便内心痛苦还在帮助其他身处危机中的人；是在一次次的黑暗与绝望袭来时，还对人生有着热切的期盼和睿智的思考；是当自己从黑暗中走出来后，发自内心地感激和希望将自己成功走出危机的经验分享给还在黑暗中探索的人。

我曾经收到一张纸条，是一对夫妇来学校看望我恰巧我不在写给我的，他们已从大学毕业多年，特意来告诉我："我们一切都好，还有了小宝宝，是您曾经无私的帮助，才有今天的我们，希望我们的经历能给您一些正能量。"

帮助抑郁的人们渡过至暗时刻，看到光、发现美、理解心就能点亮一束光，引导人们走出危险，化危为机，这便是危机干预。

而本书就是帮助很多青少年走出绝望的安妮·莫斯·罗杰斯和金伯莉·H.麦克马纳马·奥布莱恩根据多年的青少年心理危机干预工作经验所写的专著。这是一本帮助老师关注、识别高危青少年并能够恰当应对心理危机的工具书。在我国，高校学生的自杀率远低于西方国家，正是因为我们的学校心理危机干预工作不仅由专业的学校心理咨询师和精神科医生接手，也着眼于对一线老师、辅导员、班主任进行培训。老师与学生朝夕相处，他们最了解学生也最有可能帮助学生。我曾经做过统计，在学校心理危机干预中，学生主动报告自己有自杀倾向的情况只有18%，还有9%是有自杀倾向的同伴报告的，而大多数情况（即73%）是辅导员、班主任发现的危机线索。本书的目标是让教育工作者认识到，他们在心理健康领域和预防青少年自杀工作中拥有举足轻重的地位，同时为他们提供相关的知识、工具、技巧和思路。实际上，我在北京大学工作期间及现在在大儒心理，用1~2天的时间对一线老师展开培训，提高其识别、干预学生心理危机的能力，正是我们在很多高校、中小学校有效应对极端事件、降低自杀率的关键措施之一。

大儒心理自成立以来一直致力于青少年心理健康工作，每年都招收并培养心理咨询的研修生。本书的翻译始于2年前，是以我的研修生为主的团队共同努力的成果，各章的译者如下。

前言、第一章、第二章　冯茵

第三章　李梦繁

第四章、第五章　张婷

第六章　王樱嘉

第七章　薛添俊

第八章、第九章　杨文博

第十章　杨玲

第十一章、第十二章　张颖

感谢每位译者的辛勤工作。最后，我想说，面对如此严峻的青少年心理健康方面的挑战，专业的心理危机干预工作不可或缺，但心理危机干预工作终究只是对症治疗，甚至是扬汤止沸。只有停止过度竞争的教育现状，改变全社会的焦虑心态，用理性平和、宁静致远的中华文化智慧，才能真正解决目前这一时代课题的挑战。对于这一点，我相信前景乐观，并充满信心。

徐凯文

2019年3月初稿于北京大学燕北园

2024年7月修改于中关村互联网教育与创新中心1011大儒心理

前言

| 安妮·莫斯·罗杰斯的故事 |

2015 年 6 月 5 日，弗吉尼亚州，停车场内停了一辆警车——我丈夫坐在副驾驶的位置，尽管天气很暖和，但坐在警车后座上的我却瑟瑟发抖。那名警官穿着一件考究的灰色制服，打着黄色领带，斜坐在驾驶座上面对着我们。

"我要告诉你们一个不幸的消息。你们的儿子，查尔斯（Charles），今天早上死了……"瞬间，我如遭五雷轰顶，魂惊魄惕。当我回过神的时候，开始号啕大哭，痛失爱子的悲伤如火山爆发般喷涌而出。我的胸口像火在燃烧，我什么都听不清，什么都想不了，神经错乱。如此寥寥数语，却让我坠落苦不堪言的地狱。

过了一小会儿，我的丈夫睿迪（Randy）安慰我镇静，并问道："他是怎么死的？"这不是明知故问吗，我有些歇斯底里地想，"他怎么死的你还能不知道？天哪，他吸毒！对海洛因成瘾啊"。我以为我会听到"吸食过量"等类似的词。但警官却说："他是上吊自杀。"我丈夫的手在腿上握成了拳头，重重地锤在了车上，接着在我的注视下，他已呆若木鸡，泪流满面。警官的话，恍恍惚惚地在我的意识之外摇摆，试图在我的困惑和迷茫中挤入我的思想。我下意识地想要找到一条逃离这些痛苦的路，躲到另一个光明和幸福的世界中。我哭得前扑后仰，声音似乎已经不再是我的了，我多么想抓住昨天的尾巴，再回到过去，重新再来过，也许会有一个好一点的结果。我们是如此爱他，他怎么可能会自杀呢？我无法理解他为何选择自杀，也许在我弄明白为什么会这样之前还有很长的路要走。

在我心底深处有无数个瞬间，渴望能再抱一抱他。我像疯了一样不愿接受现实，认为自己是在做梦，认为这一切不是真的，这也让我徘徊在精神失常的边缘。那种痛失爱子的赤裸裸、活生生的痛深深地烙在我心里。记忆的碎片像无头的苍蝇一样，冲击着我的大脑，每一个都叫嚣着以求我的关注，但它们没有落脚的地方，只能盘桓在那里，等到日后我有足够的心力再把它们翻出来咀嚼和消化，最后去理解它们吧。

我是一位母亲，而我的孩子自杀了。

查尔斯去世后，为了纪念他，我挣扎了5个月的时间，把我们家经历的悲剧写下来并登报，结果引起了强烈的反响，也为我的新博客吸引了众多粉丝和关注。在博客里，我写公开日志，这帮助我从悲伤中走了出来。一年半之后，我和生意伙伴卖掉了经营不错的数字广告公司，专心做专职作家和演讲者，开始和他人分享、探讨这个少有人愿意聊的话题。

查尔斯这个孩子有点复杂，行为和思想有时甚至会自相矛盾，他既讨人喜欢又经常惹事闯祸，搞笑又聪慧机敏，帅气里又带有痞气，富有想象力和创造力。在整个生命历程中，他总是场内最耀眼的那个人。我觉得他试图努力跳出舒适圈，对身边的一切都想一探究竟，脑袋总在思考为什么。如果他对一件事物产生了兴趣，就会义无反顾、坚持不懈地努力。当查尔斯进入你的生活，一切都会变得愉快起来。好像他口袋里装着阳光，随时可以传播出去，让大家脸上的阴霾瞬间都散开。俗话说，人不可貌相，海水不可斗量，身高一米九的他体重只有59千克，但天生不落俗套的个性总能让他成为人群里的焦点。查尔斯是我们的小儿子，也是最搞笑、在学校里最受欢迎的学生。然而，这个最有趣、最受欢迎的孩子，却在中学时一直与抑郁症抗争。到高中时，他开始通过滥用药物和酗酒来麻木想自杀的念头——这些我们都一无所知。滥用药物和喝酒反而加重了他的抑郁症状，他甚至开始对海洛因上瘾，最终在戒毒的时候，他终结了自己的生命。

与人为善并善于交际是查尔斯的天赋，这一点是有目共睹的。只要查尔斯在学校里，第一个让新生感受到温暖和关爱的人一定是他，新同学绝不可能感到孤单、寂寞、茫然或不知所措。因为查尔斯在学校里小有名气，在他的光环笼罩下，被他关注的新生的知名度也会迅速提升，从而交到更多朋友。

第一个向我表示查尔斯可能患有抑郁症的人是他的老师。在一张我最喜爱的查尔斯的照片（见图1）中，与他一同出镜的也是一位老师。在查尔斯自杀身亡后，我收到了一封充满爱和善意的信，写这封信的依旧是一位老师。查尔斯所受的教育成就了他很棒的写作能力和每天写日记的习惯，再加上与生俱来的才情和幽默感，最终使他的日记变成嘻哈风格的押韵诗。在他离世之后，正是凭借这些材料，我得以打开他生命的一扇窗，看到了那充满艺术色彩却又饱受折磨的灵魂，也帮我解开了他自杀的谜团。

图 1

注：查尔斯在校友日会场，由他最喜爱的老师克里·弗雷特维尔（Kerry Fretwell）女士陪同。

查尔斯的校园生活拥有无数宝贵的回忆，但也有过让人心悸的故事。毕业之后，很少有人会记住自己之前的考试成绩，更让大家难以忘怀和津津乐道的基本都是和同学、老师及学校工作人员一起生活、交流的点点滴滴。在学校里，孩子们可以拥有一些其他环境中少有甚至在这个数字社会中遗失的东西，如平等地建立真挚友谊的机会。这是当今世界最宝贵的财富，也是情感稳定的根基。

查尔斯去世后，一个因抑郁症而倍受折磨的年轻女孩找到我，讲述了一件自己读高中时的事。那天早上，漫天的阴云彻底俘虏了她的意志，但她仍费尽九牛二虎之力从床上爬起来并赶往学校。那天稍晚一点的时候，她努力装出开心的样子和同学们在教室的走廊里聊天。当她抬头看时不禁吃了一惊，原来查尔斯正认真地打量着她。她说她认识查尔斯——当然，大家都认识查尔斯——但他俩未曾打过交道，她也不知道查尔斯了解过她。当两个人的目光交汇时，查尔斯就径直朝她走来，在她面前停下，突然就为她即兴唱了一段说唱。她和朋友先是惊呆了，接着她们就开心地哈哈大笑起来。

等把歌唱完，查尔斯弯下腰抱了抱她说："漂亮的女孩不应该看起来这么悲伤。"然后转身潇洒地离开了。女孩说，她从未感受到如此深厚的善意，这段回忆被她奉为至宝，将永远珍藏在她的心里。

我非常怀念查尔斯，怀念他那漂亮的卷发和幽默感，怀念他那瘦高个特有的拥抱感，怀念他和他的狗打招呼时的语调，然而我最怀念的是他那宽广、包容、无私的爱。在这个有些疏远、隔离的世界，没有多少人有耐心去聆听，他做到了；没有多少人肯花时间与人为善和交朋友，他也做到了。正如他天生才华横溢又诙谐有趣一样，他最突出的天赋是能让人自重、自敬、自爱。我也会继续将他的精神传承下去，这也是为何当地的教育部门会邀请我走进课堂做一些讲座，分享我的家庭故事及我是如何从情感深渊中走出来的。

很多人疑惑，自己的孩子死于自杀，我是怎么做到坚持每天进行自杀干预或处理其他极端心理问题的，他们觉得这简直匪夷所思。其实，这只是顺其自然而已，是整个大环境塑造了现在的我。虽然经历了最绝望的丧子之痛，但我仍对自己的事业满怀希望——实际上，绝大部分人只是一时想不开，与真正付诸实践还是有距离的。老师在班级里因材施教，整合一些创新的教学策略，就可以促进师生之间的理解和沟通并形成良性循环，通过老师的帮助、陪伴和引导产生的号召力就能够防止悲剧发生。老师可以拥有这些威信和号召力，本书的目的就是培养你的这些能力，也会提供一些工具和科普知识，帮助你识别那些有风险的孩子，聆听他们的需求，把他们及时送到可以被更妥善照料的地方。

我的确也想过放弃，因为这项工作就像顶着暴风雨逆水行舟。可是，当我在演讲后收到学生们寄来的一封封信时，满腔的热忱和勇气又会再次被点燃，坚定继续下去的决心。

特别感谢您，谢谢您跟我们分享如何把这么困难的事件转变成人生的一个转折点。您儿子的故事——查尔斯的药物成瘾、焦虑和抑郁——深深地触动了我，如果有需要，我一定会主动寻求帮助。同时，我也会鼓励并帮助那些有相似情形的人……

那天您在教室里说的每一句话都深深地鼓舞了我。是您让我有了继续奋斗和拼搏下去的勇气，我要成为坚强的人，哪怕只有您的一半也足够了。所以，谢谢您，罗杰斯太太，感谢您分享的故事，这对我的帮助实在太大了，对您的感激无以言表。

真的特别感谢您分享的故事，我倍受鼓舞。您的故事让我在这个悲伤的世界里感受到一些慰藉。您能把那样的困境转变成这么棒的课程并帮助大家破除心结，真的太不可思议了。希望等我长大了也能帮助他人，就像您帮助了我和同学们一样。一直以来，我总把父亲的死归咎于自己，尽管那时我还很小。是您让我认识到，有时候，我们所爱的人只是在错误的时候做了错误的决定，并非有意要伤害我们。再次真心感谢您。

|奥布莱恩的故事|

在帮助有自杀倾向的青少年方面，我拥有极佳的耐心和热忱。有人很纳闷，我怎么能接受这么令人压抑的工作，又如何会进入这一领域。其实，我有一些与众不同的想法，在帮助这类特殊人群的时候，我看到的是希望和生命力。我知道，当困在黑暗之地似乎永无止境时，总会有那么一条阳关大道引领着我们前进。我知道，因为我曾经经历过。

在我上幼儿园时，老师曾经建议我的父母带我去看心理医生。她说我看起来总是心事重重的样子，也不和小朋友们一起玩，总是盯着窗外出神。可以说从那时起，我的抑郁史就拉开了帷幕。对我的父母来说，精神疾病是个很陌生的概念，这当然不能怪他们。就这样，我一个人独自挣扎在长期的情绪漩涡中。长大以后，我觉得自己一直不被他人理解，其实我对自己的悲伤情绪也感到莫名其妙：我的父母和三个弟弟、妹妹都很爱我，我拥有一个安全、美好、温馨的家。一切都很好，可为什么我还是情绪低落、心里难过呢？

随着从童年踏入充斥着焦虑和完美主义的青春期，抑郁也逐渐变成让我感到羞耻和自我憎恨的源头。夜深人静时，我甚至会认真、严肃地思考到底是生存还是死亡的问题。在这期间，我的大学室友自杀身亡了，这无疑让处在人生低谷的我更加消沉。我好累，也许就差最后一根稻草了，但生活中的高光时刻，如成就感、让人兴奋的事、爱和欢笑，总能在关键时刻拉我一把。

大学毕业后不久，我跌到了人生的最低谷。我变得易怒又伤感，还把自己封印在"蚕茧"里，开始酗酒，整日以泪洗面，白天不想醒，晚上睡不着，就这样浑浑噩噩地持续了一年多。后来，满面泪痕的我去寻求医生的帮助，医生说我需要服用抗抑郁药，我痛快地答应了。其实，我当时已经没有活下去的兴趣了，既然没什么放不下的，那就试试，我实在不想每天行尸走肉般地活着了。

在服用了那些蓝色的小药片之后，我发现自己的情绪好多了，周围的一切也更顺眼了。我开始一点点地重整自己，寻找生活中的乐趣和美好。当然，没有什么神药能让人一朝开窍，我只不过是在专业的支持和引导下，不断地进行内省并坚定地走下去。现在，几十年过去了，我早已过上了充满理想、爱甚至幸福的生活。像每个普通人一样，我的情绪仍会波动，不同的是，对我来说这已经不是什么大不了的事了。

为何朝夕相处的家人都没意识到我的心理问题，幼儿园老师却能通过细微的异常行为发现我内心的迷茫与挣扎？更令我百思不得其解的是，随着年龄的增长，我的心理状况也越来越差，但后来的老师反而再也没有发现我的异常。细细思量，也许是因为我在日常活动中并没有透露出太多的信息吧，我不仅文化课成绩优异，体育课成绩也非常好，交际能力也不错。从表面上看，我有很多朋友。不过，其中有一个很重要的细节，那就是从未有人关注过我的内心世界，没人关注我的心理状态或从我的角度关心我。这当然不应该怪我的老师，因为在那个年代，人们对心理健康的认识和教育还非常有限。

不过，现在人们终于意识到关注心理健康的必要性，身体健康和心理健康实际上是紧密联系、密不可分的。我们应该让孩子们清楚地意识到，在承受压力和不良情绪的时候应该做些什么以让自己走出来，还需要让他们学会辨别朋友的心理状态并及时提供援助，或者在恰当的时候寻求可信赖长辈的帮助，这是我们义不容辞的责任。

如今，青少年的心理健康问题越来越受到重视，教育工作者在这场变革中的作用将无可替代，甚至能左右事情的走向和最终的结局。老师与学生们朝夕相处，毫无疑问，他们比其他人更了解学生。本书的目标就是为了让教育工作者认识到，他们在心理健康领域和预防青少年自杀工作中拥有举足轻重的地位，同时为他们提供了相关的知识、工具、技巧和思路。

目录

第一章
概论

我所执教的科罗拉多公立学校突然因不明原因封校了。我们学校离科伦拜恩非常近，所以一旦封校，总免不了让人往最坏处想。尽管如此，我仍然努力装作若无其事的样子继续上课，以让课堂秩序保持正常。在封校后大概半小时，我忽然注意到学生艾米丽脸上划过一丝极其惊骇的表情，这让我的心跟着揪了起来。接着，孩子们纷纷掏出手机，惊恐的表情同样出现在了每个人的脸上。一名学生向我解释，他们都在社交媒体上看到了一张照片，上面是一个裹尸袋，里面装着几分钟前刚刚自杀的学生。自始至终我都没有看那张照片，我受不了。虽然我们没有听见动静，但是其他班级的好多学生都听到了枪声。那天早些时候，一名曾听过我课的新生，在电焊课上指着他的电焊头盔，轻轻地跟同学说："我再也不需要戴它了。"然后他跟电焊老师谎称自己去一趟卫生间，却穿过球场回到家，他拿到枪，最终选择在学校附近的公园自杀。这起自杀事件震惊了整个校区。这是三起学生连环自杀事件的第一起。这是我执教生涯中最糟糕、最黑暗的一天。

德瑞斯（Doris）

科罗拉多公立学校科学老师

在校园自杀事件发生后，学校召开了教职工会议，会场的气氛消沉且压抑，到处弥漫着悲痛的情绪。老师们被要求采取果断措施遏制到处传播的谣言，与此同时，受惊的学生们也彷徨无措，无心学习，这一切都使得教学工作陷入停滞状态。为尽快恢复正常教学秩序，学校不分青红皂白地强行压制校内舆论，无视仍在蔓延的恐慌情绪，这同时也缩短或忽视了对学生进行心理辅导的步骤。未被疏导的抑郁心结是导致自杀的巨大风险因素，但老师们却极少得到关于如何疏导郁郁寡欢的学生的建议，这一恶性循环让本就充满悲情的校园雪上加霜。然而，为了逃避因此引发的可能的愤怒、指责、严重的法律责任及一系列负面媒体报道，律师常常会建议学校管理人员三缄其口，对家长避而远之，所以只要校园生活重新恢复正常，学校领导们绝不会旧事重提。

自杀会传染或自杀会被模仿，对这类特殊人群来说绝非妄言。学校为了迅速掌控局面，不顾一切地压制舆论，这将促使没经验的教职工仅凭主观臆断处理相关事宜，结果往往适得其反。

有统计显示，美国和加拿大 10 ～ 34 岁年龄段人群的死因排名，交通意外排第一，自杀排第二。然而，美国 14 ～ 15 岁青少年死因排名之首便是自杀。

尽管统计数据已经如此触目惊心，可悲的是，针对教育行业的自杀干预培训仍少之又少。校方也是得且过，直到有师生自杀，他们才想起临时抱佛脚。一位校长曾讲过："非要等到可爱的孩子们陨落，才想起亡羊补牢，这是整个社会的悲哀。"尽管很多相关资源都是开放和易得的，但无论识别有潜在风险的学生，还是让他们寻求自我救赎，或者应对意外死亡方面，目前依然鲜有完善的方案和政策支持。

总体来说，研究人员发现，在自杀身亡的人中，有 50% ～ 69% 的人曾在自杀之前都或多或少地与他人交流过自己想自杀的想法或意愿，倘若此时拥有相关知识储备，这其实是绝佳的介入干预机会，以将其扼杀在萌芽状态。另外，青少年绝大部分时间都在学校里度过，这同样为心理干预提供了很好的平台来普及相关知识、经验及分享成功案例等，最终提高他们承受挫折的能力，让他们能在逆境中把控局面，甚至帮助身边的同学和朋友悬崖勒马。

如今，教育似乎已经沦为考试的奴隶，几乎忽略了对学生情感健康的关注。然而不可否认的是，面对社会和家庭沉甸甸的期许，同时还要跟上科技发展带来的新变化、新挑战，教育行业必须不断完善和改革，这无疑会使教学任务变得更加繁重而复杂。客观地说，对庞大的教育系统进行改革总是有一定的滞后性。好消息是，教育工作者们本着求同存异的思想，正逐渐转变观念，对不同意识形态和文化理念表现得更包容，这本身也是保证学生身心健康的基础。

在我 2000 年毕业时还没有自杀意识一说。然而，现在的学生似乎对此习以为常，甚至成为日常聊天的一部分，这理所当然地应该是我们日常生活和工作的一部分。既然学生们都在讨论这个问题，我们更不应避讳。因此，对每一位来我办公室的学生，我都会向其了解是否有或有过自杀的念头。

> 杰西卡·契克-戈德曼（Jessica Chock-Goldman）
> 纽约曼哈顿史岱文森高中老师，博士，临床社会工作者

针对心理健康问题与学生谈心时，我们应该放低姿态，像小伙伴一样坦诚地与他们交流，并且多听少说。同时，杰西卡强调，撇开不同肤色人种之间的差异不谈，即便是同一年龄段的孩子的特点也千差万别，所以大包大揽、硬着头皮充当救世主是不可取的，可以把学生分给学校的咨询师或善于处理这种情形的老师。当然，如果学生有抵触情绪，老师还需要参与学生和咨询师的谈话，有熟悉的人在场会让他们更有安全感，这也是人之常情。

我们曾遇到过这样一个案例，一个女孩长期独自与严重的抑郁症抗争，学期末学校组织出游时，同行的老师察觉出她的异样，便不断温柔且小心地向她伸出橄榄枝，可惜都被她婉拒了。然而在最后一天准备回程时，这名学生终于向老师敞开心扉并述说了她内心的煎熬和苦楚。老师当即打电话过来，以便我们立刻商讨她回校以后的援助方案。令人欣慰的是，这个孩子回家跟父母坦白了一切，并且得到了切实有效的救助。

> 珍妮弗·汉密尔顿（Jennifer Hamilton）
> 马萨诸塞州戴德姆市诺贝尔格里诺私立学校心理咨询部主任，心理辅导老师

显而易见，学生们更愿意信任熟悉的老师而非陌生的咨询师。珍妮弗·汉密

尔顿表示，下一步就是如何平衡和处理信任度的问题，因此需要强化老师的表达技巧，有的放矢地消除孩子们对咨询师的畏惧和退缩感，这是重中之重。在与咨询师面谈之前，如果能有一个亲切的人做暖场，学生会更有安全感也更容易放松下来。在这种情况下，老师和咨询师需要通力协商下一步的计划。当然，此时如果家长能加入进来就更好了。上述提到的案例，也是在学生与她的父母谈过之后，同意在老师的陪同下与咨询师面谈。到这个阶段，我们的工作重心就转变为与学生一起讨论治疗的可选方案，包括门诊治疗。

毫无疑问，老师在这个孩子命悬一线时救了她。在她关心学生时，不仅笃定地知道自己能做什么，还知道怎么寻求更专业的帮助，如此圆满的结局真是皆大欢喜。

珍妮弗·汉密尔顿

我们写这本书的目的是让我们的教育更有价值，而非增加工作量。我们希望本书能够为读者提供相关的知识、工具、技巧和思路，以便在学校管理和教学工作中围绕办学宗旨，重新塑造校园风气，切实有效地提高学生的身心健康水平，杜绝自杀等恶性事件发生。

教职工们真的需要花费更多的时间和精力在心理健康上，如此才能在危机出现时准确、熟练地调用一切可用资源，包括获得相关部门的支持和帮助，无论来自校领导还是心理教育领域、预防自杀机构的社会团体等。本书的很多内容并不是老师分内的责任，然而，大概了解整个流程的协作，掌握一些相关知识，会让他们更容易做好自己的工作。所以，本书不仅仅是写给老师的，我们接下来将会提到这一点。我们希望能让大家摘下有色眼镜对待这个曾让人望而却步的话题，或者严肃地说，我们应该放弃掩耳盗铃，正视现实，如今青少年自杀事件频发已经成为公众健康的巨大隐患，所有教育工作者都应紧密联系学生，走到学生中去，通过聊天或谈话与学生打成一片，以对他们产生积极的影响，这非常关键。虽然书里谈到的都是有自杀风险的学生，然而不可否认的是，教育工作者本身也有自杀风险，所以我们也希望通过本书能够帮助大家察觉身边正在人生低谷中挣扎的同事、朋友和家人，并能够妥善地帮忙联系学校或社区救助和相关资源。

尽管书中提出了很多指导和要求，但我们的本意并不是把老师培养成心理干预专家或专业心理咨询师，我们希望本书能帮助大家及时、准确地留意并识别出那些需要心理干预的学生，引导他们大胆地吐露心声。因为积极、真诚的聆听，是开导学生时强有力的第一步。当然，如果你做不到这些也不要强求，只需多加关注并照看好学生，再把自己的担心知会给校（家）委会或学校的心理老师即可。在今天这个忙碌的社会里，有人情味儿的交往和聆听的艺术越来越被忽视，勿以善小而不为，一个充满友善的小小举动甚至表情都可能在关键时刻拉别人一把。对孩子们来说，一个充满温情的成年人所给予的积极影响足以改变他们的人生。在阅读这本书的时候，我们希望大家扪心自问，"我到底想成为一名怎样的教育工作者？"

第二章
为何越来越多的学生出现心理健康问题

要想成功，你必须将健康置于首位。

珍妮弗·汉密尔顿

心理健康包括我们的情绪健康、精神健康和社交健康。它影响我们的思维、感觉和行为，会直接体现在我们的抗压能力、与人相处和选择判断上。它可能受家庭、社会环境、经济状况（如居无定所和食不果腹）、童年的不幸或创伤、个人健康状况和家族精神病史及自杀史等影响。心理健康问题，如抑郁症、焦虑障碍、自残、创伤后应激障碍和物质使用障碍等，会严重影响人们的日常功能，这些都是教育工作者需要留意的一些征兆。

很多精神疾病都在青春期发病，由于这个时期个体的大脑发育尚不成熟，青少年易冲动，情绪波动大，因此他们也更容易患上精神疾病，这无疑会让叛逆的青春期雪上加霜。患上精神疾病的青少年通常会变得更加敏感、脆弱，这在无形中增加了他们自杀的风险，而家族精神病史和社会压力，如家族变故、心理创伤、人生转折期（transition）及家庭不和睦等都会加大这一风险。

|青少年心理健康问题持续增加|

腾格及其同事（Twenge et al., 2019）的一项研究发现，在 2008–2017 年，心理健康问题（包括自残行为）在青少年群体中有大幅度增加。仅在 2017 年，就有13% 的青少年出现抑郁症状，这意味着在过去的 8 年里患病总人数上升了 62%。对此，专家和学者给出了很多解释，如长时间看手机等电子产品、社交软件泛滥、贪图享乐却又动辄畏难、学业和课外竞争激烈、直升机式父母养育方式、人生转折期和家庭变故（如父母离婚、亲人去世）等。

进入数字时代，我们本以为人与人之间的联系将会更加亲密，然而事实上，人与人之间的关系却越来越疏远。从 21 世纪初开始，我们发现有心理健康问题的学生反而越来越多。长时间面对电子屏幕本就不利于睡眠，由于手机上网非常方便，年轻人喜欢占用睡觉的时间刷视频、上网聊天等，这使睡眠问题进一步恶化。同时，由于只顾玩手机等电子产品，青少年坐在一起面对面交流的时间也越来越少，这意味着他们共同学习进步、处理问题、解决挫折从而增进感情的机会也越来越少。不仅如此，亲朋好友居住得也比较分散，聚少离多使人们的感情也越来越疏远。人类本就是群居动物，缺少必要的社交活动和交流会让青少年感到焦虑、恐惧社交甚至没有存在感。

如果你是在 1995 年之前长大的成年人，想想当时你和邻居、朋友在户外玩耍时，你学到了多少东西。你学会了以有效的方式谈判、妥协和争论。如果遇到问题，一般都靠自己想办法解决。在生活中遇到问题和挫折很正常，这不仅能帮助我们积累经验，而且还能锻炼我们的能力，然而现在的很多学生对此却束手无策，因为他们将每天仅有的那点自由时间都花在了电子产品上。纽约大学医学院精神病学系临床副教授维克托·施瓦茨（Victor Schwartz）博士指出，过去，一些社区活动中心和俱乐部是人们互动和交际的地方，也是年轻人习得许多生活技能的场所，孩子们在这里可以学到如何规划、组织并协调进行一场活动。然而在当下，此类社团已经所剩无几。我们当然不可能苛求学校全盘接手社区活动中心和俱乐部的功能，不过，学校是否可以尝试有意识地把类似锻炼的机会融入教学呢？在第七章中，我们罗列了美国不同地区老师的授课思路和具体策略。这些做法有效减少了学生的消极行为，如物质滥用、自残和自杀，同时也促进学生在校期间和毕业后体验更多的积极经历。

青少年心理健康问题治疗的阻碍

- 青少年和他们身边的成年人都没有觉察到这些可以治疗的疾病的症状
- 恐惧未知的治疗过程和方式
- 认为自己无能为力
- 认为求助是无能和软弱的表现
- 害羞、难为情
- 认为成年人不理解他们
- 获得资源（资金、保险、交通、医疗保健）的途径有限

Source：From the American Foundation for Suicide Prevention, More Than Sad for Parents.

标准化测试是许多学校系统使用的一种衡量策略。为了在考试中取得好成绩，师生几乎将所有的时间、精力和资源都集中在学习上。但这种努力的牺牲品是创新、创造力、实践技能，以及社交能力和人际交往技巧。简而言之，一切为了成绩，其他几乎都被忽略了。在面对亲人去世的悲痛时，再好的考试成绩都毫无意义。整合帮助学生学习和管理生活的技能，有助于最大程度地减少物质滥用、自残、饮食失调、滥交和其他不健康的应对策略，并在学生在校期间及其一生中防止自杀。目前，多项研究表明，学生的自杀率在假期明显低于上学期间，所以很明显，学生绝大部分的压力来源于学业。

在 2018 年的一项研究中，格里高利·普莱蒙斯（Gregory Plemmons）和他的同事发现，2008–2015 年，有自杀想法和尝试自杀的在读学生的就诊率增加了近300%，每年学生在校期间的精神科住院或就诊率显著高于放假期间。由此可见，在校期间家长的参与度和关注度、学习成绩、升学压力等都可能成为学生产生极

端行为的激化因素。

社交媒体是另一个可以促进或破坏学生身心健康的因素。在如同梦幻般的网络世界里，我们看到的总是开心的笑脸和完美的家庭。我们盲目崇拜成就而非其背后的努力，有影响力的人、大众的点赞和评论很容易对学生的自我价值产生影响。如果我们能在社交媒体上获得大家积极、热烈的互动及认同，那么内心的满足感和成就感便油然而生；反之，一旦关注度不高或反响不如他人，可能会引发抑郁和焦虑症状。在攀比心和虚荣心的影响下，人们花费大量的时间在社交媒体上，结果往往事与愿违。处于青春期的少男少女多愁善感，情绪波动剧烈，容易意气用事和不顾后果。例如，一整天心情都非常愉悦的学生，突然看到好朋友在社交媒体发了一张聚会的照片，但其中没有邀请自己，这时可以想象她的快乐心情将在瞬间直坠谷底。青少年对社交很敏感，他们需要朋友的认同，也因为从众心理，一些处于青春期的孩子会对他人的社交动态进行点赞或评论，试图让自己融入其中，获得他人的关注。

青少年的忧虑

你和你的朋友最担忧的是什么？

- 感觉大学很可怕，而且有很多功课。
- 每天都有做不完的事情，如做志愿者、参加活动等。
- 取得高分的压力。
- 对高中生活感到迷茫，对如何理顺心境、摆正自己的位置不知所措。
- 特别担心高三和一些大学预备课程，还要为接下来的一年做准备。
- 作业很多，压力很大。
- 与他人相处不和睦。
- 个人形象和个人卫生被他人取笑。
- 性别认同。
- 校园"八卦"、尴尬的场面、流言蜚语。

- 充满暧昧的情感交往。

- 在社交媒体上和现实生活中受到他人的暴力威胁。

- 在家里没有安全感。

Source：Survey question for teens and sample of comments from Signs of suicide Youth Focus Group for reviewing new video content.

以上这些忧虑还与青少年的大脑发育尚不成熟有关。大脑中操控"及时行乐"的部分——海马体和杏仁核——都与冲动、寻求刺激和情绪紧密关联，它们比"决策舱"部分——大脑前额叶皮层——成熟得早得多。"决策舱"负责所有情绪的梳理、活动规划、专注性、条理性及在众多任务中进行取舍和调节。从青春期开始到 25 岁，"决策舱"的发育相对落后，在这个阶段，青少年通常凭心情做事，因而容易发生滥用药物、自伤或自残行为。有一半精神疾病患者在 14 岁就开始发病了，但是大多数人未能被及时发现并接受治疗，如此一来，大脑发育尚不成熟的青少年就只能凭感觉和冲动处理大量复杂的心理健康、社交和生活问题。

一旦涉世未深的青少年感到自己不合群、不被关注，就可能会借助酒精等来麻木神经，寻求快感。没有感觉的人是无法被治愈的，青少年对这些尤其陌生。20 世纪 90 年代末到 21 世纪初，比较普遍的现象是使用药物对生理疼痛和心理悲痛进行治疗，与此同时，使用其他方法治疗疼痛的专业诊所则纷纷关门大吉。青少年比成年人更容易对药物产生依赖，他们出于好奇尝试一些药物，甚至去药店买作为替代品的非处方药，或者找因拔牙或手术康复拥有止痛药的小伙伴索要。

家长和学校很少普及关于心理疾病、悲痛、自伤、自残和物质滥用等相关的知识，由于缺少相关的教育，青少年只能自己去网上寻找答案，但是这些答案的来源并非总是可靠。

当然，其他不健康的处理方式也层出不穷，如非自杀性自伤（如自残）、饮食失调、赌博、疯狂购物（通过买东西来舒缓情绪）等。

那么，如何识别不健康的情绪状态呢？我们需要留意那些常向校医抱怨头疼和肚子疼的孩子们，还有那些在课堂上走神、打瞌睡、厌学的孩子。如果学习优秀的孩子成绩骤然下降，或者对学习持无所谓的态度，这可能就是不健康情绪发出的信号。不过，孩子的另外一些行为，包括易怒、暴躁、挑衅，如打架和霸凌，我们认为不一定和抑郁、焦虑或其他精神疾病有关。过去，甚至现在，老师会给这些孩子贴上懒惰、毛病多或好斗的标签，然而事实上，他们只是在回应自己的感受。

青少年抑郁症

一个人情绪低落的时候会有哪些表现？

- 衣衫不整、头发凌乱——很可能哪里出了问题

- 忽然与群体格格不入

Source：Signs of Suicide Youth Focus Group.

长时间使用电子产品带来的影响

研究发现，人们每天使用电子产品的时间（如浏览网页、玩游戏、看视频和使用社交软件等）少于 2 个小时，会拥有更高水平的愉悦感、满足感和更低水平的焦虑、抑郁症状。虽然没有充分且确切的研究数据表明远程教学对学生心理健康的影响，但是我们确信长时间面对屏幕对学生的心理健康非常不利。

远程教学期间，那些不开摄像头、不露脸的孩子们风险最大，因为其中绝大多数学生要么在玩，要么在睡觉，或者干脆逃课。由于老师基本只能看到孩子们小小的面部缩略图，想要识别出孩子的异常状态很难，这也是学校心理咨询团队分发问卷调查的原因。我们一学期进行两次问卷调查，往往在学年开始的时候就能够筛查出这些孩子，他们比其他人有更明显的抑郁和焦虑症状。有一点是重中之重，那就是学校的心理咨询团队，无论咨询师、社会工作者还是任何会与学生交谈的教职员工，都要能够评估出谁是最高风险者。而且，实话实说，我们也知

道，那些风险最高的孩子也可能给我们打电话说"你好，请帮帮我吧"，但在我们学校里，这类孩子总是隐藏在角落里，我们也不知道他们是谁。所以，如果他们能认真地填写这些调查问卷，对我们而言意义重大，尤其在发现高风险孩子方面。

杰西卡·契克-戈德曼

共病性心理障碍

　　青少年选择自杀通常与一些心理障碍有关，它们会叠加出现并导致青少年自杀的风险增加。

- 重性抑郁障碍
- 品行障碍
- 物质使用障碍
- 进食障碍
- 广泛性焦虑障碍
- 精神分裂症
- 双相障碍

Source：More Than Sad Presentation from the American Foundation for Suicide Prevention.

| 心理障碍 |

　　自杀是在人最脆弱的时候由一系列风险因素叠加累积之后爆发的结果，其中包括心理健康问题、环境和文化因素（社会心理），以及家庭状况和家族病史，除此之外，还有面对情感创伤时不恰当或不成熟的处理方式。绝大部分心理健康问题都有相应的治疗方案，越早干预效果越好。

以下是一些广为人知的会使青少年自杀风险增加的心理障碍，我们简单了解一下。

重性抑郁障碍

重性抑郁障碍（抑郁症）是一种心境障碍，它会影响20%～50%的青少年，不仅让人整日忧心忡忡，愁眉苦脸，还会让人情绪消沉、兴趣丧失。不过有一点很重要，在儿童和青少年中，这种紊乱心境可能更多地表现为暴躁而不是悲伤。抑郁症会影响一个人的感受、想法和行为举止，并且会引发各种情绪和生理问题，让人悲观厌世或感到绝望无助、生不如死、度日如年，大部分患者有结束自己生命的念头。抑郁症并不像常人理解的心情不好或意志薄弱，它有对应的治疗方案（包括药物），通常需要长时间的治疗。患有抑郁症的孩子通常无精打采、上课打瞌睡，而且经常逃课。

2007—2017年，患有抑郁症的青少年总人数增加了59%。面对如此高的比例，目前我们无法确定是否由精神疾病（如抑郁和焦虑）导致，但可以明确的是，某些相关因素影响非常大，如童年的创伤经历、长时间使用电子产品、过度悲伤、被边缘化、面对面的社交时间减少、性取向异常、霸凌、睡眠不足、饮食不健康、人际关系糟糕、家族史、病史、遗传等其他因素。

品行障碍

品行障碍的诊断依据是儿童或青少年表现出习惯性的野蛮待人的行为模式，如破坏财物、霸凌、打架、残忍地对待小动物和偷窃等。品行障碍的主要特点是对社会准则和他人权利的无视和侵犯，所以有品行障碍的青少年在家中、学校及与朋友相处时，通常会带头打架、逃学、霸凌他人、退学、离家出走、无视纪律，最终被定性为难以管教，甚至被关进少管所。有品行障碍的儿童和青少年常常会受伤，不懂得如何与家人和朋友相处。品行障碍常常伴有抑郁症，但由于行为问题更加突出，从而使抑郁症状不易被发现。

双相障碍

被诊断为双相障碍的个体必须符合以下条件：在抑郁发病期间必须同时伴有至少一次躁狂发作。躁狂被定义为异常的、持续升高的、膨胀的或易怒的情绪。躁狂发作会持续一周或更久，同时伴随自我评价过高、睡眠需求少、情绪高涨、精力充沛、活动增多、易激惹、思维奔逸、行为鲁莽等。激素的变化也使我们很难区分青少年常见情绪化行为和躁狂症状。另外，青少年的双相障碍经常被误诊为多动症。由于躁狂不一定总是最先表现出来的症状，很容易被忽视，因此青少年可能会被诊断患有抑郁或焦虑障碍，而不是双相障碍。那些躁狂发作的孩子会经历情绪高涨、极度激动，行为上会无礼或过度，自我感觉高人一等或自我膨胀，着装和动作浮夸。他们可能会在社交媒体上不断发布动态，或者使用不得体的语言。还有一些被诊断为双相障碍（和抑郁症）的患者会出现精神病性症状，甚至会听到让他们去自杀的声音。

物质使用障碍

物质使用障碍是一种由于长期使用某种物质（不管这些物质是否会带来伤害）而产生一系列症状的模式。成瘾是物质使用障碍中最严重的情形，它是基于一种或几种物质滥用引发的长期性的、不断恶化的疾病。药物滥用会导致物质使用障碍，但最终是否会演变成物质使用障碍还与年龄、家庭、病史和环境有关。这里的环境包括心理疾病或遭受过创伤。与成年人相比，大脑还处在发育阶段的青少年更容易受物质使用障碍的影响。会让人上瘾的物质有很多，最常见的是酒精，其次是处方药、非处方药。身体戒断症状的发展可以通过服用更多的药物来缓解，这是成瘾和药物滥用的区别。通常，青少年开始滥用药物是为了显得合群、体验快感，"麻木"那些创伤事件带来的感受，调节或正常化与悲伤或心理疾病有关的情绪。物质使用障碍会与其他心理疾病或障碍同时发生。

进食障碍

进食障碍指人们的进食行为及与之相关的思想和情绪严重紊乱。对食物、体重和体型过度关注是进食障碍的其他症状。常见的进食障碍包括神经性厌食症、神经性贪食症和暴饮暴食症。大多数进食障碍患者可能同时患有情绪障碍，尤其是重性抑郁障碍。进食障碍患者通常伴有自杀或企图自杀的想法，因为自杀是患有进食障碍人群最常见的死因。在所有心理障碍中，进食障碍患者的死亡率最高。研究表明，在进食障碍患者中，患有神经性厌食症的人自杀致死率最高，而患有暴饮暴食症的人尝试自杀的概率最高。除此之外，某项研究还发现，与神经性贪食症抗争的人有一半曾尝试过自杀。神经性厌食症患者的自杀倾向是有计划的，而暴饮暴食症患者的自杀倾向则是冲动的。

精神分裂症

精神分裂症是一种严重的精神疾病，会影响一个人的思维、感觉和行为。精神分裂症患者会出现精神病性症状，包括妄想（错误的信念）和幻觉（看见或听见他人看不见或听不见的东西）。经历精神病性症状是导致自杀的重要风险因素。精神分裂症的其他症状包括语无伦次或胡言乱语，以及不合时宜且不得体的行为等。精神分裂症患者可能会经历抑郁、焦虑、失眠、社交退缩、缺乏动力及整体社会功能受阻。他们似乎与现实世界脱节，这给患者、家人和朋友带来了巨大的痛苦。精神分裂症的发病期通常在青年期，但始于儿童或青少年期。如果不及时治疗，精神分裂症的症状会持续并致残。如果精神分裂症被及时发现并得到治疗，医患双方彼此配合且长期坚持下去，可以帮助患者重返学校和工作岗位。

广泛性焦虑障碍

焦虑是儿童和青少年最常见的情绪问题。从细菌到呕吐,再到父母、亲人离世,他们都可能因此产生很多不必要的、过度的忧虑。有些焦虑感很强的孩子极其害羞,会避免做他人喜欢做的事情,有些孩子会大发脾气和出现情绪崩溃,还有些孩子慢慢养成了一套复杂的仪式,如一遍一遍地洗手,目的是减少内心的恐惧。广泛性焦虑障碍是一种心理障碍,以经常或持续的、全面的、无明确对象或固定内容的紧张不安及过度焦虑为特征,这种情绪可以强烈到足以干扰一个人的日常活动。其他焦虑障碍还包括惊恐障碍、社交焦虑症和一些特定的恐怖症。持续不断的忧虑和焦虑带来的紧张感也会伴随一些躯体症状,如坐立不安、总是觉得疲倦、注意力难以集中、肌肉紧张或入睡困难。除了遗传因素、大脑中的化学物质的影响、性格和日常事件,青少年还会经历高期望和成功压力所引发的焦虑感。他们会将自己的生活和社交状况与他人在社交媒体上发布的内容进行比较。根据美国国家卫生研究院的数据,13 ~ 18 岁的青少年中有近三分之一的孩子会经历焦虑障碍。2007–2012 年,儿童和青少年中患焦虑障碍的人数上升了 20%。有些青少年喜欢压力,因为可以借此强迫自己完成任务。而有些青少年对某些情形要么回避,要么直接情绪崩溃。其实,这些情形能够帮助他们学会如何处理有挑战性的事件,提高他们的抗挫折能力。

创伤后应激障碍

患有创伤后应激障碍的人曾经直接或间接地面对死亡、严重伤害或性暴力。患有创伤后应激障碍的人在经历或目睹有害的、可怕的或令人沮丧的事件后可能会神经质、易怒、有暴力倾向,或者难以入睡和集中注意力。任何极端压力都可能导致创伤后应激障碍。对青少年来说,遭受身体虐待和情感虐待、接受重大手术、失去亲人、社区暴力性事件、自然灾害等都可能导致这种应激障碍。

由于创伤后应激障碍是暴露于创伤性事件的最普遍的精神病理后果,无论青少年经历的创伤是一次性的还是反复的，他们都可能会做出疏远他人、威胁他人的反应及喜欢打架。受创伤影响的青少年还可能出现智商和阅读能力下降、成绩下降、缺课天数增多、无法毕业等现象，不仅如此，有证据显示，他们更易受同龄人的排斥，社交水平下降。与品行障碍一样，这些学生的行为通常会挑战老师的耐心。如果遇到这种情况，我们建议老师这样问学生"你最近遇到了什么事情"，而不是"你又在发什么神经"。

　　如果你发现学生具有上述特征，那么很可能表明他患有心理方面的疾病，一定要将其转交给心理咨询师进行评估，他们可能需要一些额外的帮助才能顺利完成学业。

第三章

青少年自杀：风险因素、保护因素及预警信号

你需要弄清楚你有多担心一个孩子及其会让你有多不安。老师需要相信自己的直觉和感受，而不是忽视它们。如果因担心班上的孩子而辗转反侧，那么你要好好反思一下。

维克托·施瓦茨（Victor Schwatz）

医学博士，纽约大学医学院精神病学系临床副教授

美国疾病控制与预防中心将自杀定义为"个体蓄意采取各种手段自我伤害以结束自己生命的行为"。当个体的情感和身体所承受的痛苦超过了忍耐的极限，同时他们又有机会结束自己的生命时，就很可能自杀。由于自杀已经上升为美国 15～34 岁人群的第二大死因和 10～15 岁人群的主要死因，因此它不能再被视为罕见的公共卫生威胁。

青春期是一个以心理、情感和身体快速发育为特征的生命历程。这个阶段的青少年面临的挑战是发展自己的身份和自尊，变得更加独立和负责任，同时与同龄群体建立人际关系。他们经常受到来自亲人或同龄人的高期望的挑战，这带来了不安全感、压力和失控感。

自杀念头和行为在青少年中并不罕见。根据 2019 年青少年危险行为调查（Youth Risk Behavior Survey，YRBS）的数据，18.8% 的青少年曾认真考虑过自

杀，15.7% 的青少年有过自杀计划，8.9% 的青少年尝试过自杀。近五分之一的学生考虑过自杀，教育工作者要想及时采取干预措施，必须熟知相关风险因素和预警信号。

在美国，自杀念头在高中生中非常普遍。我的意思是，15%～20% 的孩子报告他们有过自杀念头。幸运的是，尽管自杀人数有所增加，但有自杀念头和实际自杀死亡的比例约为 2000∶1。这并不是说你不应该认真对待它，因为有过此类经历的青少年都处于某种痛苦之中，所以老师必须严肃、慎重、认真地对待每一名学生。当有人告诉你，他们有强烈的自杀倾向时，你知道自己需要做什么。老师的工作重点不应该是预防自杀，而是了解学生及如何帮助陷入困境的人。

维克托·施瓦茨

自杀念头可能是主动的，也可能是被动的，也可能与外部事件不谋而合。那些有自杀倾向的人在自杀念头的强度、频率和持续时间方面通常各不相同。当他们把自杀想法付诸行动就变成了自杀行为。强烈的自杀念头可以持续 5～120 分钟，但自杀过程的时间约为 30 分钟，在这段时间里会出现高峰和低谷，具体如图 3-1 所示。

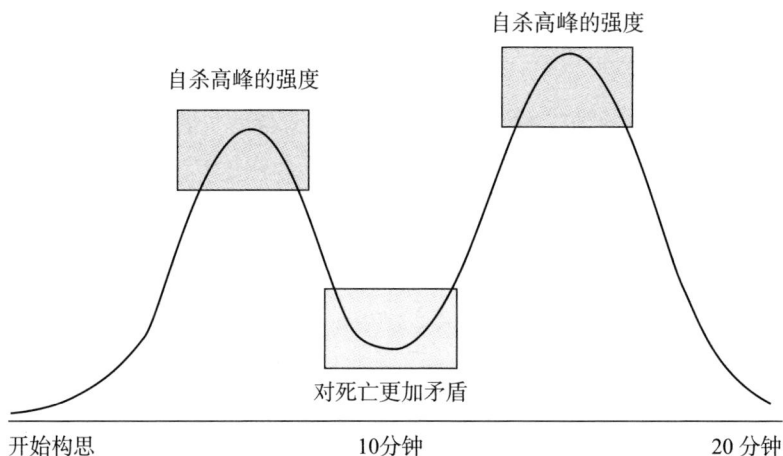

图 3-1　产生自杀念头持续时间示例图

一名 16 岁的高中生因有自杀念头住进精神专科医院，他认为自己自杀念头的强度在 20 分钟内有两个高峰。他说，情绪上越痛苦，他就越想结束自己的生命，但是这种意愿随后会慢慢地下降，他不太确定自己是否想死，而是感到很恐惧，这表明他的矛盾心理。然后他说，紧接着还有一个更强烈的高峰，那一刻他真的觉得自己一文不值，这个世界没有他会更好。他强忍心底的那股冲动，并且极度渴望向他人倾诉，他给他的班主任发短信，并允许老师告诉他的父母。

一项针对 13 ~ 34 岁自杀幸存者的调查显示，24% 的研究对象从产生自杀想法到付诸实践的间隔小于 5 分钟。本书作者之一奥布莱恩的研究小组对 20 名试图自杀的青少年进行了研究，其中 17 人报告说，从考虑自杀到尝试实施之间的时间间隔不到 3 小时。一名青少年说在实施自杀行动之前，他从来没有过自杀的想法。事实上，这 20 人中同样有 13 人在 10 分钟或更短的时间内就付诸行动了。青少年更容易冲动，与自杀相关的意图和情绪通常会被迅速激化，这股冲动又会因为他们应对能力不足而迅速下降。青少年自杀那一刻很少会反思自己自杀的原因，而是更多地沉浸在当下所遭受的情感痛苦之中。

一名青少年描述了她在企图自杀之前发生的事情。

在我真正想要自杀之前，并没有真正考虑所有因素……只是沮丧到极点，你可能也有过那种感觉……在你的内心深处可能一直在考虑自杀，但它其实更像那个特定时刻的情感流露。

另一个 18 岁的年轻人这样描述：

想象一下你站在一个着火的房间里，旁边有一桶水，急于灭火的你肯定想都不想就会直接提起那桶水来灭火。

| 风险因素 |

风险因素是与自杀相关联的要素，但并不是导致自杀的直接原因。然而，熟悉风险因素有助于我们了解和判断哪些青少年更有可能实施自杀行为。美国预防自杀基金会列举了三类风险因素：历史因素、环境因素和健康因素。

自杀风险因素

历史因素

- 曾经自杀未遂
- 有自杀家族史
- 童年时期被虐待、忽视或有创伤

环境因素

- 有获得致命工具的途径
- 长期倍受压力折磨，如骚扰、霸凌、人际关系问题、失业（包括家庭成员失业）
- 压力性生活事件，如遗弃、离婚、金融危机、贫困、生活转折、悲伤和失落、种族 / 社会歧视和边缘化
- 接触过他人自杀事件、看到过自杀事件图片或听到耸人听闻的自杀事件描述

健康因素

- 心理健康状况
- 抑郁症
- 物质滥用问题

- 双相障碍

- 精神分裂症

- 有攻击性、情绪变化和人际关系不佳的性格特征

- 品行障碍

- 焦虑障碍

- 严重的身体健康状况，包括疼痛

- 创伤性脑损伤

Source: AFSP 2020 / American Foundation for Suicide Prevention.

| 高危学生群体 |

尽管有些学生群体有较高的自杀风险因素，但大多数学生自杀事件发生在这些群体之外。我们不能仅凭没有高风险因素就忽视或最小化可能表明该学生正在与自杀想法作斗争的语言。无论明星、运动员还是成绩优异的学生，都可能有自杀倾向。然而，教育工作者应该了解那些有较高自杀风险的学生群体，以及影响自杀行为的环境、身体健康状况和家族史。

性别和自杀风险

女性的自杀率是男性的两倍多，但男孩的自杀率是女孩的三倍多。这些性别差异背后的原因是什么？男性自杀死亡率高是因为他们更倾向于选择极端的方式。而女性更有可能选择致死性较低的服毒自杀。这种性别悖论非常令人费解，尤其为何自杀行为在女孩中更常见。一些学者认为，女性在经历情绪困扰时更倾向于寻求帮助，因此与男性相比，女性自杀的存活率更高。然而，这并不一定能解释

自杀意愿的差异，由于男性不太可能在试图自杀后寻求帮助，因此他们试图自杀的次数可能被低估。实际上，他们的自杀死亡率可能比我们想象的更高。

性少数群体

同性恋者、双性恋者、跨性别者等都属于性少数群体（LGBTQ）。这类群体是另一个更容易有自杀倾向的群体，他们的自杀企图几乎是异性恋同龄人的五倍，特雷弗项目（Trevor Project）2020 年的一项调查发现，40% 的受访者在过去一年中认真考虑过自杀计划。超过 50% 的非二元性别（非二元性别指那些超越传统意义上对男性或女性的二元划分、不单纯属于男性或女性的自我性别认同）青少年表示曾认真考虑过自杀。研究者还发现，46% 的受访者希望获得心理健康咨询却无法获得，这从侧面反映了学校为这类青少年提供安全感的重要性，也使教育工作者的情感支持变得更加重要。

有些人认为将性少数群体视为高风险人群其实在助长这个群体的自我孤立或被排斥，而不是真正支持他们。在我看来，情况恰恰相反，实际上这种做法已经表明这类人的风险因素与我们在一般学生群体中看到的风险因素不同。性少数群体面临无家可归和校园暴力，以及特殊的心理健康挑战，关注他们并投入额外的资源是有价值的，其中必须确保老师接受相关培训，使其能够胜任性少数群体的教育工作。

萨姆·布林顿（Sam Brinton）
马里兰州罗克维尔特雷弗项目宣传和政府事务副总裁

并不是性取向或性别认同使性少数群体面临更大的自杀风险，而是社会和外部因素：歧视、骚扰、霸凌、暴力、受害、家庭排斥、因不被接受而无家可归，以及精神病史。两名自杀未遂的性少数青少年表达了他们对被否认的绝望。

告诉我，我永远不会成为男孩，因为我有女孩的身体，而且我看起来不像男孩，我永远不会。

有时它只是让我觉得自己做错了什么，或者我出生在错误的家庭，或者我来这个世界本来就是个错误。

如果社区文化坚定不移地将同性恋者定义为十恶不赦的人，会增加性少数群体自杀的风险，并增加他们在学校被嘲笑和歧视的可能性。所有这些影响产生的内疚感和羞耻感会让他们不堪重负。对性少数群体缺乏宽容、理解，以及对其施加的暴力和歧视，致使这类群体将自杀作为唯一的选择。一名跨性别青少年描述了直接导致自己企图自杀的因素。

我试图自杀，因为我和爸爸吵架了，他禁止我和其他性少数群体朋友一起出去玩，他说女孩就应该做女孩的事，而且我无论如何都是个女孩。

一名青少年表达了自己的绝望：

我的父母不接受我是同性恋，他们不打我，但希望我在地狱里腐烂。我希望我内心所有的痛苦都结束，我向喜欢的人表白，他称我为同性恋，现在每个人都这么叫我……我姐姐是唯一一个理解我内心的痛苦并想帮助我的人，但在不久前，她和朋友出去玩时因车祸去世了。我是一无是处的垃圾，所以我觉得活着没有意义。

对性少数群体，老师如何为他们提供帮助？跨性别和非二元性别青少年声称，如果他们受到他人或大多数人的尊重，企图自杀的概率会降低一半。

人口统计

研究表明，与生活在城市的青少年相比，生活在农村的青少年有自杀念头或企图自杀的可能性更低，但他们死于自杀的可能性几乎是城市青少年的两倍，而且这一差距正在扩大。农村地区的青少年面临着独特的挑战，如医疗资源和设施匮乏、心理医生缺乏、资金短缺、交通和基础设施受限，这些都给他们获得面对面或远程帮助带来一定的挑战。

心理因素

根据美国国家精神卫生研究所的自杀筛查问卷（ASK Suicide-Screening Questions，ASQ）工具包，90%的青少年尝试自杀而不为父母所知。

学生自杀的关键心理风险因素包括抑郁、焦虑和药物滥用。这些潜在的心理问题使青少年在面对社会、情感和环境压力时更加脆弱。一个十几岁的女孩描述了不断恶化的心理症状如何促使她尝试自杀。

一切都像山一样压在我身上，如同"就这样吧，我再也不想做了"。我已经参加了8个项目，任务永远都做不完，焦虑和抑郁源源不断地涌来，我对此无能为力。

青少年自杀的最大风险因素之一是有过自杀未遂的经历。一个常见但非常不准确的理念是在尝试自杀后幸存下来的人不太可能再次尝试自杀。但事实是，如果一个人自杀未遂，那么他再次自杀的可能性会非常高，因为之前的自杀尝试是以后的自杀想法、自杀意念和自杀死亡的最强预测因子。对自杀未遂的幸存者，数据表明，自杀未遂后的这一年是避免自杀重复发生的关键期，必须综合所有资源提供支持。一个患有抑郁症的十几岁女孩的评论说明了这种脆弱性。

我最近刚从另一家医院出院，在家待了一周，然后那天对我来说很艰难。我真的不知道该怎么办，我想放弃，所以我就吃了一堆药，试图离开这个世界。

家族自杀史

有家族自杀史的人，无论其是否有心理疾病史或家族史，自杀风险都会显著增加。然而，患有心理疾病会进一步增加这种风险。这并不意味着有家族自杀史的学生的自杀行为是不可避免的，而仅仅意味着他们可能更容易受到伤害，应该采取措施降低他们自杀的风险，如在心理疾病出现征兆时进行评估和治疗。

非自杀性自伤

非自杀性自伤（non-suicidal self-injury，NSSI）是指在没有自杀意图的情况下，出于不受社会认可的目的而故意破坏自己身体组织的行为。人们经常把非自杀性自伤与自杀行为相混淆（见第四章），实际上它们是两种不同的行为。一个十几岁的女孩描述了她的 NSSI 行为。

自伤通常发生在有自杀念头的人身上，这是我或很多人的一种生活方式或用来控制不良情绪的一种应对机制。我无法主导生活中的很多事情，但是割伤自己是我可以主导的。

自伤青少年的自杀风险更高。这是因为随着时间的推移，非自杀性自伤行为会减少青少年对疼痛和伤害的自我保护性恐惧，从而消除了企图自杀的障碍。一个十几岁的女孩描述了自伤的滑坡效应。

在割伤使情绪痛苦得到缓解后，会让人产生一种事情变得更好的错觉，你的身体就会慢慢地接纳并迷恋上这种感觉，直至越陷越深，最终上瘾。你会持续不断地做下去，直到它真的会严重损害你的身体。

创伤

身体、性或情感创伤会使青少年的自杀企图和死亡的风险增加。一个十几岁女孩解释了与霸凌相关的创伤在她尝试自杀的行为中扮演的角色。

我非常痛恨这种行为，它严重打击了我的自尊心。这让我觉得可能是我自己的问题，再加上我不那么受欢迎，基本没什么朋友，我觉得……我觉得自己真的非常失败，一无是处。

创伤导致自杀的风险因素有很多。许多年轻人有时会觉得他们在重新经历创伤，或者避免想起创伤的情形，这可能使他们感到脱离现实并孤立无助，这是导致抑郁和自杀的一个关键风险因素。正是为了试图应对这些侵入性的想法和闯入脑海的创伤回忆，他们才尝试自杀。先前的创伤也会增加当前的自杀风险，不和谐的家庭氛围也会导致自杀风险增加。此外，创伤幸存者的自我否定和憎恨的特征在激化自杀念头中发挥了重要作用。童年创伤又被称为不良童年经历（Adverse Childhood Experiences，ACE），可能包括许多问题，如身体或性虐待、忽视、被父母监禁、父母离异、父母吸毒等。

ACE 与自杀念头和行为密切相关。汤普森、金瑞和拉米斯（Thompson、Kingree and Lamis，2019）通过对近 10 000 名美国参与者进行的一项研究发现，被虐待（包括身体、性、情感）、被父母监禁及有自杀倾向家族史使他们成年后自杀念头的风险增加了 1.4 倍，尝试自杀的风险增加了 2.7 倍。此外，他们发现，青少年经历的这些不良经历越多，产生自杀念头和尝试自杀的概率就越大。同一项研究显示，与没有经历过 ACE 的人相比，经历过 3 种或更多 ACE 的人成年人认真考虑自杀或尝试自杀的概率增加了 3 倍多。

不和谐的家庭氛围

其他导致青少年自杀风险的家庭因素包括家庭冲突和关系破裂。对一些人来说，家庭冲突可能只是与家庭成员的一次争吵；而对另一些人来说，可能是更频繁的争吵。一些青少年经历了与家庭有关的内心冲突，这可能是因为他们认为自己不够好、不值得被爱、失去父母、父母疏于照顾或故意与父母保持距离等。尤其夹在离婚父母中间不知所措的青少年，更有可能尝试自杀。一个十几岁的女孩描述了她的家庭状况是如何导致她自杀的。

其实是来自哥哥们的压力。我们经常争吵，当争吵非常激烈时，他们就会谈论我的妈妈和他们的妈妈，以及我妈妈不想要我，所以我要和他们住在一起。这真的很伤人，别人说我是多余的也就算了，然而家人也是如此，真的是糟透了。每当我们激烈争吵后，这种糟透了的感觉就会重新出现在我的脑海里，就好像你的家人压根儿不在乎你。

另一个十几岁的男孩谈到了他对母亲的复杂情感是如何驱使他自杀的。

妈妈爱我爱得很深沉，这使我非常感动，虽然我也爱她，但我不想和她有任何关系。这太难了，因为我控制不了自己的感觉……生活中，我渴望妈妈的爱，但我又不想让她出现在我的生活中，我真的不想——是的，这很矛盾，因为她如此爱我，而且她也明白——她不应该被如此对待。她一直不断地逼我，不顾我的感受，也许这是她的个性、她为人处世的方式、她的理想。我不懂，我受不了，这也是为何我试图自杀的另一个重要原因。

对另一个十几岁的男孩来说，经常和妈妈吵架让他感到自己被忽视了，这也是导致他试图自杀的原因之一。

我厌倦了那些争执，觉得自己被困住了，除非我离家出走，否则这些争吵永远不会停歇……我告诉妈妈我不喜欢这个样子，但她根本听不进去。我需要她倾听我的心声。我觉得自己是她的负担，只有我不在了，她才可以放松下来和喘口气。

其他自杀高危人群还包括被收养的儿童，他们尝试自杀的可能性几乎是非被收养儿童的4倍。教育工作者、父母和医生应该意识到，被收养青少年出现其他潜在的自杀风险因素（如药物滥用或在学校不断惹麻烦等风险相对较高，因为同时出现的疾病增加了自杀的威胁）。

加利福尼亚州的一项大型研究发现，父母或兄弟姐妹在军队服役的青少年经常会有悲伤、绝望和沮丧的情绪，这会增加他们自杀的风险。家庭成员常年在外地可能会进一步增加青少年悲伤、绝望或患上抑郁症的风险。

无家可归、在少管所和儿童福利院或被寄养的青少年比那些住在家里的青少年更容易产生自杀念头和出现自杀行为。无家可归的青少年产生自杀念头和出现自杀行为的可能性是一般青少年的 2 倍。一项研究发现，在被寄养的青少年中，有 25% 的人曾在 18 岁之前尝试过自杀。

慢性疾病或残疾

其他致使青少年自杀风险增加的社会心理因素包括慢性疾病或残疾。由于遭受慢性疼痛、行动不便、毁容、认知迟缓及慢性病或手术等，使这类青少年比同龄人面临更多的挑战。一个患有糖尿病和慢性疼痛的十几岁男孩表示，正是这些因素叠加在一起让他无路可选。

我宁愿灰飞烟灭也不要现在这样子，这就是我的理由。我看不到生命的曙光，不想再煎熬下去，一步也不想往前走了。糖尿病和脚痛就是我的生活——这种苦楚充斥着每一天、每一夜，无休无止。除此之外，我的生活还有什么？我不知道，可能只有一片空白。所以，我说人生就是一场游戏而已，我输了，我也不想再玩了。

孤独症

研究表明，孤独症谱系障碍患者的自杀率很高，但缺乏对其原因的研究。许多患有孤独症的成年人有许多相同的经历，如抑郁或失业，这与我们所熟知的自杀风险标志相吻合。孤独症儿童的父母认为，孤独症儿童缺乏社交技能和朋友，这是他们自杀的风险因素。

我的小儿子 13 岁了，他曾应邀参加家人的生日聚会，但从未受邀参加朋友的生日聚会。而他的哥哥有很多朋友，并且参加朋友生日宴会的次数多到我都数不清。我知道这让我的两个孩子都很困扰。弟弟因患有孤独症从未被邀请过，这使他的哥哥非常难过。

诱发事件

> **诱发事件的例子**
>
> 青春期突发事件包括以下几个。
>
> - 关系破裂
> - 深爱的人身患重病或死亡
> - 被捕或拘留
> - 表现不佳（如学习、运动）
> - 成为被霸凌或被羞辱的对象

"触发"一个人采取行动的事件，或者促成某特定动态事件发生转折的关键事件，可以被认为是诱发事件。对那些生来有些敏感的青少年来说，让人倍感压力的生活事件都可以成为诱发事件，并最终导致自杀事件的发生。

同时出现的不利因素越多，威胁就越大，而诱发事件极有可能成为压倒骆驼的最后一根稻草。一张令人难堪的照片被广为传播可能是激发自杀行为的决定性事件。关系破裂——无论与恋人分手、与父母大吵一架、父母离异、亲人去世，还是失去朋友——都是常见的诱因。

三名青少年分别描述了导致他们自杀的事件。

我和最好的朋友因为一个非常愚蠢的原因大吵了一架。我真的不明所以。我们已经是七年的老朋友了，所以这太让人难过了。失去一个最好的朋友，我真的没有那么在乎。不过转念一想，我几乎把她当作我的家人，现在搞成这样子，真的让我倍受打击。

在我 12 岁时父母离婚了，我开始在街上捡烟头抽，偷壁橱里的酒喝。大约在我 15 岁那年的圣诞节，我试图跳楼自杀。

也许到了我该离开的时候了，我无法原谅自己，我犯下大错并失去了生命中的挚爱。我知道未来的路还很长，但对我来说一切都不重要了。

生活转折

对青少年而言，从升入初中、高中或转学进入新学校，从读高中到进入社会或大学，或者因身心健康从休学到重返校园，这些都可能在短期内引发极大的压力。这些生活转折会导致青少年的情绪不稳定及产生自杀念头和出现自杀行为。在初中、高中和大学毕业前，是一个人情感最脆弱的时候，我们需要让学生对这些变化做好充分的准备。

家庭成员的性取向的转变、搬家等都是生活转折的例子。我们希望学生具备足以应对这些生活事件的基础技能、应对机制和相关知识。

我们确实发现很多学生在学期末的时候易出现极端行为，尤其是大学毕业或高中毕业时，自杀人数会激增。

维克托·施瓦茨

我们可以帮助学生发现他们的独特之处。"我可以利用哪些优势为即将到来的生活转折做好心理准备？""我可能会在哪里遇到生活挫折？"最重要的是，"当我遇到它们时，我该怎么办？"

在这些生活转折中，我们发现危险区域的具体位置了吗？通常情况下，学生更有可能对未来感到不知所措。例如，从一个已知和舒适的地方进入一个不熟悉的地方。

从早期的精神分析开始，我们就知道转变是极为困难的，离别时刻极具挑战性且会引发焦虑。我们确实发现大学或高中毕业时自杀人数会激增。对许多人来说，一件事的收尾、离别阶段，似乎比开始新生活更困难，尤其是高中或大学毕业时，即便学校通常会给予学生很多支持，但他们的焦虑症状并没有减少。我们需要认识到，生活变化和离别都会引发焦虑和抑郁，会让人的压力感骤升。长假或小长假之后的返校同样也是一个小小的过渡阶段。

因此，我认为重要的是让大家认识到，任何时候都有过渡，不仅仅是从学校走向社会、搬家、转学等。家长和学校都需要意识到，所有这些转折都会给学生带来挑战。

维克托·施瓦茨

学校和课外压力

与教育工作者密切相关且需特别注意的是，学校或课外活动带来的压力也会使青少年自杀的风险增加。一些学生的压力来源于对完美的不懈追求及同学间比较成绩，就像下面这起青少年自杀事件的当事人一样。

这两年我非常努力，所以今年的所有课程都得了 4.0 分。我给自己施加了很大的压力才取得这样的成绩。我周围的很多大学生给我的印象就是每次考完试后，大家都会相互比较分数。

客观存在的相互冲突和竞争的压力导致了一个被称为紧绷（strain）的概念，在大多数情况下紧绷的状态会先于自杀。有时候，与学校有关的急性或慢性压力（即紧张）的结合会使青少年面临更高的自杀风险，正如下面这个十几岁的男孩在回想起自己自杀未遂的原因时所说的那样。

我一直想象自己如何才能在这个世界上出人头地，不经意间就会越想越多，觉得自己不快乐，在不喜欢的学校上学。我不理会其他人或我不喜欢这些人，我无法融入其中。我每门课的考试成绩都不及格，我不喜欢这所学校，不喜欢这里的老师，不喜欢这里的学生。但我又想，"嗯，你去任何学校都不会喜欢那里的老师或学生的"，因为它不能提供我所需要的东西。我想要一所拥有各种学术活动和各类运动的学校，当然，足球是我的最爱，也是让我充满激情的源泉。然而，我发现我所有的朋友都表现得很好，他们踢球、赢得奖学金、受到关注，他们完成各种各样的事情。我好像迷失了自己，如果我没有得脑震荡，如果我在学校表现出色。我总是迷恋过去。

自杀传染

像学校这样的人员聚集区，一旦有人自杀，就会使该环境中其他人的自杀风险增加，尤其是弱势的青少年，这种现象被称为"自杀传染"，又被称为"模仿自杀"。一名自杀未遂的青少年解释了她自杀时的所思所想，该事件与其同学的自杀而亡有关，这有助于我们理解自杀传染的潜在过程。

活着的意义是什么，这样做的意义是什么，为什么我给自己这么多的压力……这开始让我质疑自己的行为……一名同学自杀后我的这种情绪加剧了，因为每个人都很沮丧、震惊、自责，他怎么能这样对自己？他怎么会如此孤独？他怎么会……为什么他没有向任何人倾诉？我意识到这让我感到更加孤独，既然没人能了解那名同学的感受，那么同样没有人能了解我的感受。当每个人都在谈论难以理解的孤独感时，就像众人皆醉我独醒。只有我能理解那名同学，那真是一个可怕的时刻。

| 社交媒体 |

我们已经讨论了社交媒体如何以消极和积极的方式影响青少年的心理健康。由于它涉及预警信号，因此可以作为青少年寻求帮助的渠道。自 2016 年以来，越来越多的青少年能根据朋友所发的社交状态识别出潜在的自杀威胁，并且更愿意向可信赖的成年人寻求帮助。此外，所有社交媒体平台都通过使用算法和人工智能来提高对自己或他人的自杀的威胁警惕。

为了让青少年合理使用社交媒体，所有学校都应该有一些明文规定。一所中学要求老师告诉学生，如果在任何社交平台上发现学生可能正处于挣扎中，或者有激化仇恨等负面的内容，务必向老师报告或拨打学校网站上的匿名举报热线，以便老师通过手机短信、截图或直接评论，提醒并发送给心理咨询团队。

| 保护因素 |

我一贯的态度是，不能让老师担任心理辅导员，这是绝对正确的。不能强求教育工作者成为拯救世界的英雄，我们应该各司其职，这也是基本原则之一。老师理所当然地是最值得青少年信赖的成年人之一。在青少年的生活中，有一个值得信赖的成年人是一个非常重要和强大的保护因素——培养这种联系、信任和关系也是如此。

斯科特·洛默里（Scott LoMurray）

力量之源执行董事

自杀预防工作围绕着减少风险因素，同时加强保护因素——有助于保护人们免于自杀。

风险因素和保护因素可能因人口和文化而异；然而，学校应该努力把一些普遍的保护因素融入校园文化。当保护因素得到加强时，学生会更坚强、更有韧性，这表明在重大逆境或威胁的情况下，他们依然会保持健康、稳定的适应能力。保护因素与青少年的内在能力有关，在解决问题、调节情绪和自我效能感方面发挥重要作用；它也可以是外在的，包括积极的治疗、来自同伴和家庭的支持、支持性的学校环境及参与有意义的活动（兴趣爱好、信仰或提高修养）。

虽然学校经常把重点放在识别风险因素上，但其实在校园生活中更多地关注保护因素反而更有效。帮助青少年建立自信、自尊和对自我价值的认同感，就是在直接帮助他们培养抵御自杀念头和行为的内在能力。通过在学校和课堂上创建一个联系紧密、共情、宽容和接纳的环境氛围，就可以为学生建立一个缓冲区，以抵御在日常生活中可能遇到的各种风险。

自杀的风险因素和保护因素

在不同民族和种族的人群中，风险因素包括以下内容。

- 曾经有自杀的念头

- 物质滥用

- 情绪和焦虑障碍（心理健康问题）

- 获得致命手段（某人可以结束生命的手段，如毒药等）

- 家庭功能障碍和创伤

- 关系破裂（如与恋人分手、父母离婚、亲人去世）

- 生活转折（如从高中升入大学）

特殊人群的风险因素示例。

- 偏见、歧视、不被接纳、霸凌和暴力造成的压力是性少数群体的一个已知风险因素

- 历史创伤

在所有种族和民族的人群中，保护因素包括以下内容。

- 对个人、家庭、社区和社会机构的归属感和联结感

- 生活的目的或意义

- 应对能力、生活技能和适应变化的能力

- 积极的自我价值感

- 反对自杀的文化或宗教信仰

- 提供身心健康护理

| 自杀预警信号 |

除了存在风险因素和不完善的保护因素外，还有其他一些重要的预警信号（见图 3-2），这对老师来说很重要。老师需要耐心地倾听学生发表的言论，观察其举止及表现出来的情绪。

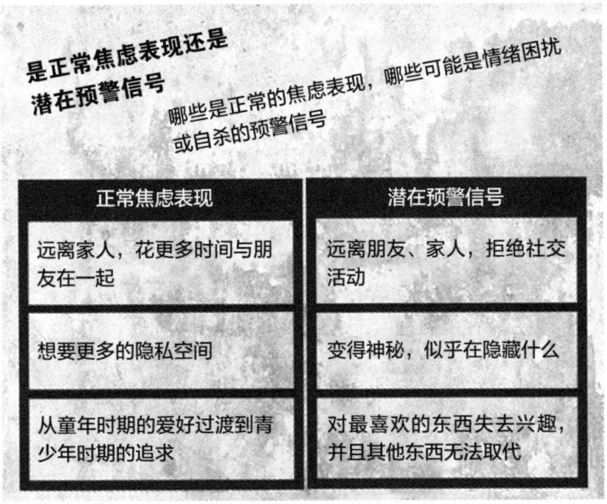

是正常焦虑表现还是潜在预警信号

哪些是正常的焦虑表现，哪些可能是情绪困扰或自杀的预警信号

正常焦虑表现	潜在预警信号
远离家人，花更多时间与朋友在一起	远离朋友、家人，拒绝社交活动
想要更多的隐私空间	变得神秘，似乎在隐藏什么
从童年时期的爱好过渡到青少年时期的追求	对最喜欢的东西失去兴趣，并且其他东西无法取代

图 3-2　正常焦虑表现和潜在预警信号

　　自杀行为有一些常见的预警信号和主题。但是，学生表达自杀倾向时所展现的反常言行举止是独一无二的。只有了解那个孩子的人或与其关系紧密的老师才有可能发现预示情绪危机的异常行为。虽然家人会注意到这些变化，但通常不太可能将其视为自杀的迹象。与父母相比，老师的优势在于对学生及其同龄人的互动能进行更客观的评判，不易感情用事。

　　老师应该意识到，如果学生的成绩波动很大，那么他们肯定出现了什么问题。因此，除非他们有脑损伤，一旦一名成绩是 B＋的学生突然成绩下降为 C－，他的内心世界很可能发生了很大的变化。当然，你可以甩包袱似的说"哦，去见学校辅导员"。但是我希望你随时都能找一个稍微私密一点的地方，真诚地对学生说"你最近的表现非常糟，是不是遇到什么困难了？如果需要帮助可以找我或其他任何人"。

维克托・施瓦茨

　　有时，长期郁郁寡欢的孩子突然表现得很开朗、快乐，这是极其危险的。因为这些孩子在确定了自杀的日期和方式后，开心和愉悦是内心解脱的外在表现形式。这里的关键词是"突然"。我们可以通过下面的例子理解这个关键词，一名青少年讨厌露营，但她的家人喜欢，在 7 岁之后她就拒绝参加任何旅行。当她的家人去露营时，她经常住在亲戚家。读大三的那年她过得很艰难，她的家人和老师都很担心她。当时她的家人原本计划去露营，因为不放心她而犹豫不决。但她告诉父母和兄弟姐妹，她也想去露营，据她的家人和兄弟姐妹回忆，她和他们一起玩得很开心，并且兴致勃勃地参加了所有的活动。和她的家人一样，老师们也注意到返校后她的心情很愉悦，大家都以为她奇迹般地恢复了。实际上，她悄悄地写了一封遗书，那次旅行是她给家人的告别礼物，一段充满爱的告别记忆。幸运的是，她的母亲发现了这封遗书，在她试图自杀之前让她接受了治疗。

　　另一个例子是，一名学生从 5 岁起就对小提琴很着迷，每天会自觉练琴 2 小时或更长时间。在 18 岁时，他突然放弃了拉小提琴，这让他的音乐老师和父母都倍感震惊，他的理由是想追求不同的东西，但其实他并没有其他爱好。一个从小就喜欢某样东西的孩子，到十几岁时转换了兴趣，这很正常。但是，如果这个孩子放弃其他追求，请一定询问孩子内心的想法。十多年来，小提琴一直是这个孩子的挚爱，在放弃小提琴后的两天，他结束了自己的生命。

退缩或孤立也是一个人想要自杀的可能迹象，这也被称为"幽灵"。如果你有一名学生在一年中的大部分时间里一直是运动队或乐队的活跃成员，某天之后，这名学生不再出现，你的直觉会告诉你什么？也许你给他的留言再也不会收到任何回复。对有些人来说，对方越不回答，他们就越想提供帮助。你也可能会抗拒，不愿多管闲事，但要勇往直前。如果他们没有回复，你怎么知道发生了什么事？改变你与这名学生的交流方式和态度，即便只是在他的座位或储物柜里留下一张纸条也是好的。你可以用"我感觉"这样的表述来表达。

嘿，马克，我很担心你，因为好久没有收到你的消息了，这真的不像你。我们可以在上午11:30聊聊吗？我想知道究竟发生了什么事。如果上午的时间你不方便，我今天下午4:00～4:30也会在教室里，你可以随时来找我。

即使当你真的伸出援手却发现对方只是忙于解决其他问题或虚惊一场时，对方通常也会非常感激你的关心。同时，这也使其他学生意识到当处于困境中时，你是可以交谈的人。如果有证据表明某名学生有情绪压力，老师应及时提醒班主任或学生健康护理团队。

如果学生有自杀念头，他们会说什么

我们必须意识到，青少年可能会通过日常言行举止透露出自己企图自杀的蛛丝马迹，包括平时的言语表达、课堂上书写的内容、笔记本上的涂鸦、交给老师的作业、网络聊天和留言评论等。虽然挣扎在极端负面情绪里的孩子会直接说出来，但大多数人不会这样做。那些随口说说和玩笑话很可能是他们含蓄地表达自己的自杀念头。在识别并巧妙地回应他们之后，我们务必要表现出乐意倾听和支持的意愿。

我认为如今的老师在指导学生时，比以往更加犹豫不决。但很显然，如果有学生在痛苦中挣扎，老师肯定希望他们看到自己的角色是确保他们得到帮助，就像一个关心年轻人生活的成年人一样。

维克托·施瓦茨

我们确实收集了一些与暗示自杀有关的句子，然而这非常片面，只能作为参考。学生更有可能将自己的自杀念头透露给他们了解和信任的人，一般是非心理健康专业人士。因此，老师，尤其是那些与学生相处融洽的老师，亟须得到相关培训，唯有如此才能抓住学生言行中透露出的蛛丝马迹，及时给予恰当的回应和帮助。如果我们临阵退缩、视而不见，或者认为自己还没准备好，还不够格，那么将错失拯救学生的良机。我们应该如何克服这种冒名顶替综合征呢？我们要坦然地接受自己，接纳每次当我们觉得事情超出自己的能力范围时感受到的不适。在面对肩负着深沉责任感的课题时，我们会害怕，会本能地打退堂鼓，大脑会设置层层障碍、找借口，并提供撤退方案。你会想，"别人会来做的""这不是我的工作""这个孩子不会自杀"等。假设你遇到一个棘手且令人恐惧的回应，或者遇到一堆无法解决的问题，如对方说"是的，我想自杀"，完全不干预会增加对方死于自杀的风险，然而只要你伸出援手，尤其当你运用自己身边所有可动用的社会资源时，就可以降低这种风险。

有一点非常重要，当你关心的那个可能有自杀倾向的人表现反常时，如果这种反常行为与痛苦事件、某人去世或改变有关，包括关系破裂（如悲伤、与父母争吵或失去朋友），就需要多加注意。大多数有自杀念头的人可能会通过他们的言行举止透露一个或多个预警信号。

预警信号：谈话

如果一个人谈论以下话题，就是预警信号。

- 自杀
- 感到绝望
- 活着毫无意义
- 成为他人的负担
- 感觉被束缚住、困住
- 难以忍受的疼痛

预警信号：行为

可能预示风险的行为，尤其与痛苦事件、丧失或变化有关的行为。

- 酗酒
- 寻找结束生命的方法，如通过网络搜索
- 不参加集体活动
- 不与家人和朋友交流
- 嗜睡或失眠
- 通过拜访或打电话的方式向他人告别
- 赠送贵重的物品
- 攻击他人
- 易疲劳

预警信号：情绪

考虑自杀的人通常会表现出以下一种或多种情绪。

- 沮丧
- 焦虑
- 失去兴趣
- 易怒
- 屈辱 / 羞耻

- 激动 / 愤怒

- 情绪突然放松 / 突然性情大变

Source：American Foundation of Suicide Prevention，AFSP.

暗示自杀倾向的话语

- 我只想死

- 我不能再这样下去了

- 我不想活了

- 我觉得自己一无是处

- 没有人会在乎我

- 我真是个负担

- 我感觉被困住了

- 这种痛苦必须停止

- 我再也不敢照镜子了

- 我恨我自己

- 我无法继续下去了

- 我再也不需要_____了

如果你听到上述短语中的任何一个，就应该立即采取行动，即私下联系该学生是否想谈谈。如果直觉告诉你好像要有事情发生，一定要通知班主任。即使是几句让你拿不准的对话，也要让班主任知道。关于该说什么和该做什么的具体指示，请参考第八章的相关内容。

第四章

揭秘对青少年自杀的误解

与自杀有关的常见误解助长了耻辱感，降低了当事人寻求帮助或接受相关帮助的可能性。揭秘这些误解是非常重要的，唯有如此我们才能鼓励人们直言不讳地说出自己心理健康方面的问题，让他们知晓，在他们需要帮助的时候，我们会随时并乐意向他们提供帮助。

梅丽莎·K. 阿克利（Melissa K. Ackley）

切斯特菲尔德自杀预防联盟负责人

在很长一段时间内，像"自杀"这样的词都是被小心翼翼地谈论或被很好地隐藏起来的，或者在某些家庭中是不被允许提及的。但是很多时候，越是被隐藏的东西，越会导致一些误解。关于自杀想法和念头，人们有很多误解。直到最近十年，有关自杀才有了自杀未遂者的一些真实体验记录。他们对自杀想法的独特见解一直被低估。就在不久之前，一些专家认为有过自杀倾向的人都很脆弱，他们无法讨论自杀这个话题，甚至无法参加相关的会议。关于对自杀问题的理解，我们还有很长的路要走，但不可否认的是，我们比之前懂得更多了。因为你需要对那些有自杀想法的人或因自杀而失去亲人的人有一个理解性的回应，所以你应该熟悉关于自杀有哪些常见的误解，知道他们自杀的真相到底是什么。

| 误解 1：谈论自杀会让青少年产生自杀想法 |

成年人（尤其父母）担心谈论自杀话题在某种程度上会影响一个人的想法，担心从来没有自杀想法的人会因此产生自杀想法。但事实是，那些没有自杀想法的人不会因为谈论自杀就选择自杀。

研究表明，谈论自杀并不会使人们产生自杀想法，相反，一次负责任和有同理心的谈话可以鼓励想要自杀的人寻求帮助。如果谈论某种行为真的给青少年带来了不良影响，那么这种行为一定是父母的说教和阻止，如父母不停地向孩子灌输不要喝酒，而青少年往往就会喝酒。

然而，在这里需要说明一下，在谈论自杀话题，尤其面对青少年群体时，自杀方法和死亡现场的细节描述可能会让一些脆弱的人感到不适。因此，我们在指导方针里倡导要进行负责任的对话，具体要求我们会在第八章介绍。

| 误解 2：想要自杀的青少年只是为了引起关注 |

假设一个青少年说自己有自杀的想法是在试图引起他人的注意，除了自杀，他还有其他的方法来获得帮助吗？难不成是在发射烟雾信号？任何说自己想自杀的青少年都需要帮助，因为他们的生活或想法不受控制了。他们把这件事告诉他人后，如果得不到帮助，他们所面临的风险比隐瞒可能更大。因此，我们应该认真对待任何一个关于自杀的言论，并且需要把这些学生的名单提交给所在的学校，由专门做危机评估的人进行评估。

自杀是一种绝望的行为，那些想要自杀的人，他们的大脑会不停地提醒他们必须去死。老师在得知学生有自杀念头时切记不要说"无病呻吟"或"自杀只是想引起关注"等类似的话，因为自杀念头是不受大脑控制的，尽管当事人拒绝这种念头。那些想要自杀的人会感受到精神上的耻辱和感觉上的麻木，这也将导致他们在将来真的实施自杀行为时不愿意寻求帮助。

| 误解 3：自杀者是自私的 |

自杀是一个公共卫生问题。一名处在自杀危机中的青少年感觉自己的意识发生了改变，思维被扭曲了。他可能觉得自己在各个方面都格格不入，或者一直在拖累他人，尽管他的朋友和家人并不这样认为。一名自杀未遂的青少年是这样描述这种负担和自己缺乏归属感的。

我活着已经没有意义了，因为没有人关心我，所以我要自杀。别人不在乎我，我为自己出现在别人的生活中感到难过，是我让他们的生活变得更糟了。

青少年在自杀危机中经历的情感痛苦，可能会让他们对自杀给出合理化的解释——自杀会让家人或朋友解脱——这是一种扭曲的思维。下面这两名青少年想通过自杀来减轻家人和朋友的负担，他们是这样描述的：

如果我不遭遇这样的事情，或者如果我不出现在他们的生活中，他们就不会有这么多的担忧了。

我经常觉得自己是很多人的负担，因为我需要的东西或我所做的事情会给他们带来麻烦。我为什么要活着呢？我只是他们的一个负担，他们不会在乎我的。

简而言之，自杀是一种绝望的行为，而不是自私的行为。

|误解 4：必须和青少年签订"不自杀协议"|

在 1973 年，签订"不自杀协议"是治疗师和有自杀倾向的患者之间普遍使用的一种工具。签订这个所谓的患者和治疗师之间的协议的目的是让患者意识到自杀是永远不被允许的。虽然治疗师的本意是好的，同时也是为了让患者在想自杀时能够更好地保护自己，但没有任何证据表明该协议是有效的。事实上，许多人发现这个协议不仅无益反而有害，因为要求一个人在没有其他技能来应对自杀危机的情况下承诺不自杀是不合理的。这种要求会让青少年感到羞愧，甚至这比他们的遭遇更让他们难以接受。

虽然"不自杀协议"没有发挥作用，但是应对自杀的安全计划却是有效的，具体参考内容见第八章。

|误解 5：一旦青少年克服了自杀企图，他们就脱离了危险|

对那些与自杀作抗争的青少年来说，自杀的想法可能是一次性的，也可能是周期性或长期性的，这取决于潜在的家庭环境和既往病史，以及社交方面的压力等因素。青少年本来就多愁善感、情绪易变，有时我们很难分辨他们痛苦的真正原因是过去的创伤或精神疾病症状，还是对痛苦处境产生的应激反应。我们总是想当然地认为，如果与一个孩子讨论他的死亡会给亲人带来什么影响，他们就会理解我们的观点，接受我们的理念，停止自我伤害。但事实并非如此，通常青少年的父母认为，一旦他们的孩子自杀失败之后就不会再次尝试自杀，他们也就脱离了危险。而事实往往是前一次的自杀尝试为再次自杀积累了经验。因此，我们必须继续监控他们的症状，以确保当他们再次自杀时能够及时介入。

| 误解6：自伤的青少年试图自杀 |

事实上，许多有过自伤行为（如割伤、烧伤、抓挠、扯头发、撞头等）的青少年并没有自杀的意图，这种行为被称为非自杀性自伤，它不同于自杀行为。13～15岁的青少年做出非自杀性自伤行为的风险很高。对青少年来说，非自杀性自伤行为有很多不同的意义。有些人采用这种行为来对抗自杀念头，用身体上的疼痛来表达内心的痛苦，从而帮助他们从麻木的状态中清醒过来；有些人是以此来惩罚自己，让自己远离痛苦，获得控制感、喜悦感和兴奋感；有些人是为了分散自己对情感痛苦或难以接受事件的注意力，或者通过这种行为向他人展示自己的痛苦。两名自杀未遂的青少年是这样描述自伤和自杀的区别的：

当我割伤自己的时候，我的注意力就会转向手臂上的疼痛。但这个时候，我伤害自己的行为好像又停不下来，我好像在对自己说："我不能仅仅割伤自己，我还应该自伤得再重一点，我不想活了。如果一切都结束了，那就解脱了。"我开始的想法是割伤自己，而不是自杀。割伤自己确实能分散我的注意力，但我通常不会有"我想自杀"的念头，除非那天真的发生了非常糟糕且令我难以接受的事情。

根据我的个人经验，一个处于极度痛苦和悲伤中的人才会用刀片或打火机伤害自己。我们自伤是因为我们感到愤怒、悲伤、被抛弃和受到打击。我们伤害自己是因为我们想了解自己的内心有多少伤痕，当我们无法承受内心的伤害时，只能用伤害身体的方式暂时转移注意力，以缓解内心的痛苦。

一名患有厌食症的青少年是这样描述自己自伤的过程的：

我几乎每晚都会自伤。我的手腕上布满了伤口，我的大脑一直在对我说，这是我的报应。它让我相信，我从来都不够好、不够漂亮、不够苗条，我不值得获得任何好的东西。

　　咨询师和治疗师要帮助青少年学会从不健康的应对方式向健康的应对方式转变，而不是仅仅告诉他们不要实施上面的行为。健康的应对方式可以是往身上擦冰水、洗个冷水澡或热水澡、把脸浸在冰水里，或者帮他们设计一个"保险箱"，让他们在自伤的时候能保证自己的安全。即便如此，也不要向他们传达自杀是"有失妥当的"或"可耻的"等观点，这可能会增加他们的羞耻感，会使自杀的行为进一步升级。非自杀性自伤和自杀行为都需要被认真对待，并给以共情和理解。虽然自伤通常不是为了自杀，但与一般人相比，那些曾经有过自伤行为的青少年未来自杀的风险的确要高很多。在遇到问题时，越来越多的青少年用自伤的方式来应对，所以帮助他们学会健康的策略来管理情感痛苦变得越来越重要。以上是老师可以参照做的一些事情，目的是减少学生的自伤行为。

　　用刀割伤自己可以让无形的伤痛变得可见。所以它会带走大脑里让你感到痛苦的东西，让你感到疯狂，然后你会看到鲜血从身体里流出来，它就像……这就是痛苦所表现的样子，这就是我所理解的痛苦的意义。

德西·雷·L.（Dese' Rae L.）

自杀幸存者

青少年为什么会自伤
青少年自伤的原因

- 从麻木的状态中清醒过来
- 用身体上的疼痛表达内心的痛苦
- 惩罚自己
- 逃避痛苦
- 获得控制感、喜悦感或兴奋感
- 向他人展示自己的痛苦
- 分散自己对情感痛苦或难以接受的事件的注意力

误解 7：没有必要对青少年进行自杀风险筛查，因为他们是不会说出来的

大多数青少年不知道如何或向谁诉说他们的自杀想法，他们往往担心一旦说出来，接下来不知道会有什么更糟糕的事情发生。自杀风险筛查为青少年提供了一个敞开心扉的机会，使他们愿意向一个值得信任的人说出自己的自杀想法。在一项调查中，研究人员对 10 ～ 21 岁的患者（同时表现为精神疾病）和到城市儿科急诊中心就诊的非精神疾病患者，采用美国国家心理健康研究所制定的自杀筛查问卷（ASQ）进行自杀评估。在后续的跟踪调查中，急诊室的护士询问他们自杀筛查问卷是否有帮助时，结果显示，96% 的人支持自杀风险筛查。他们表示，这是一个很好的体验，因为这给了他们倾诉自己感受的机会，并在他们有自杀想法的时候为他们提供帮助。青少年认为自杀风险筛查可以拯救他们的生命。

然而，针对上面的数据，我们可能会有这样的疑问，既然大部分人都支持自杀风险筛查，为什么会有那么多的青少年在选择自杀时并没有把自己的行动提前告诉他人？回想一下，那些隐藏在你心底的最黑暗、最恐惧的秘密，你会把这些告诉可信赖的人吗？你会轻易告诉他们吗？

一个人在最脆弱、最敏感的时候才会有自杀念头。一些人不愿坦白的原因是，他们害怕坦白之后会出现更糟糕的结果，害怕别人对他们做出评判和审讯。因此，他们会信任你吗？他们会让你看出他们的脆弱吗？如果因此引发一系列不愉快的事情呢？例如，他们会不会被当着全校师生的面被救护车拉走？考虑到学生对说出真相的恐惧，我们要对接下来将发生的事情进行商讨和设定，以消除学生的这种焦虑感。他们需要耐心的指导和无条件的支持。你必须让他们知道，即使你不能完全为他们保密，因为这对他们来说是一种危险，但至少会谨慎地处理他们的问题。他们需要知道你会如何与他们的父母进行沟通，因为有时候他们可能不愿意让父母知道自己的想法。同时你需要让他们知道，你和其他老师都是他们的支持者，在这个过程中尽可能地对他们的危机情况和隐私进行保密。老师、班主任

或校医护人员向学生分享的关于下一步的信息越少，学生就会越恐惧，因为越是未知的事情，越会引发更离谱的猜测和想象，从而可能会让他们担心将会有更糟糕的事情发生。学生信任他们的老师和班主任，但他们不知道谁会参与这个过程，这取决于师生间的信任，本着公正、透明的宗旨，随时保持联系并提供帮助。

想了解更多关于自杀风险筛查的内容请参考第六章的相关内容。

误解 8：如果有人想结束自己的生命，没有什么可以阻止他们

自杀是可以预防的，大多数死于自杀的人在自杀前都会以某种方式向他人传达他们自杀的想法或意图，这正是一个干预的好时机。人们对待死亡的态度是矛盾的，这种矛盾心理会一直持续到他们结束生命的那一刻。19 岁的凯文·海恩斯（Kevin Hines）是一名大学新生，大脑里有个声音告诉他，让他从金门大桥跳下去，他真的照做了。金门大桥高 60 米，跳下去的人中只有 2% 能幸存下来，他非常幸运地成了幸存者之一。

当我的脚离开地面，身体开始往下坠落的那一秒，我就开始后悔了。

凯文·海恩斯

自杀幸存者，双相障碍患者

为了求生，凯文知道他必须在自己触及水面之前进行自救，他在高中时曾是摔跤手和足球运动员，他知道只有努力将头向后仰，尽量让脚先接触水面，自己才有可能活下来。后来，他的身体多处受伤。这种经历也是他后来成为预防自杀的主要倡导者的原因之一。很多青少年也曾尝试过类似让他们后悔的行为。

一名自杀未遂的青少年描述了自己自杀前后的想法。

在我自杀之前，我常常这样想："自杀将会解决我之前所有的问题，因为我死了，所以我也不会再有其他问题。"可当我服用了自杀的药物，大约过了 30～45 秒，我就想"哦，天呐。我刚才对自己做了什么"，我被自己的行为吓坏了，我不停地说"哦，天呐"……我好像疯了一样，我冲下楼，把发生的事情告诉了妈妈。我的确有自杀的想法，但当我真的那样做的时候我就后悔了，我就想，"我不想死了，我想活着"。万幸，我还活着。我希望我不要再有自杀的想法了，这样我才能变得更好。

很多考虑自杀的人并不是真的想死，只是在那一刻他们试图结束肉体的痛苦或寻求精神的解脱。简单地带着同理心倾听，而不是试图解决问题，这可以使学生感到被理解，这也是预防自杀非常关键的一步。

┃误解 9：当学生想自杀时，父母总是最好的倾诉对象┃

在理想的情况下，当学生向你透露他们的自杀想法时，我们希望你与一位能帮助他的家长沟通这件事。但实际情况并非总是如此。有时，家庭环境是导致学生试图自杀的主要因素之一。当一名学生感到很脆弱时，他可能是承受了家庭虐待和创伤，或者有学业上的压力。这时，拥有一名受过专业培训、在自杀干预方面有丰富经验的心理老师显得尤为重要。

┃误解 10：如果没有自杀计划，他们就没有自杀的风险┃

许多试图自杀的青少年是没有计划的，这是由于他们的决策能力欠缺，他们比成年人更容易冲动行事，这尤其体现在对自杀念头采取行动方面。下面是一名自杀未遂的青少年描述自己自杀背后的冲动。

这就像一种冲动的行为，我之前并没有认真考虑过。我知道，我不想死，但我还是做了（自杀）。我搞不明白，就好像这不需要思考……然后我上楼进了浴室……接下来我把药吃了……我才忽然意识到我做了什么，我赶紧告诉了我的妈妈。

所有的自杀威胁都应该由专业人员进行评估。即使学生没有透露自己的自杀计划，我们也不确定第二天或下周他们是否有自杀计划。计划会随着时间的推移而改变，所以青少年自杀大部分是计划外的。

| 误解 11：假期是青少年自杀的高峰期 |

假期是青少年自杀的高峰期这一说法是不可靠的，因为它可能导致错误的自杀归因，从而掩盖真正的自杀风险期。事实上，数据显示，12 月是自杀的低风险期，而在春季自杀率通常会明显上升。目前人们还不完全清楚为什么会出现这种情况，尽管其他研究发现自然光和阳光强度与自杀有关。一项研究发现，自杀与当天的光照和前 10 天的光照情况有很大的关系。另一项研究发现，光照时长和自杀之间呈显著正相关。许多人好奇为什么会这样，原因是冬天天气寒冷而沉闷，白天时间相对较短，人们的情绪似乎更容易低落。然而，人们真正结束自己的生命需要能量，这就是为什么许多人相信阳光明媚的日子提供的能量足以让一个人将自杀念头付诸行动。在春季学期开始时，学生自杀的概率明显上升，这意味着教育工作者要认识到此时的工作风险升级，对此要有高度的敏感性。

然而，我们想指出的是，每个过渡期都是风险上升的时期，即使是小的过渡期，包括学生离校和返校，不应该因为它们不是高风险期而忽视它们。

| 误解12：死于自杀的学生都被霸凌过 |

霸凌是一种自人类诞生以来就存在的行为，但它从来没有像现在这样普遍存在和持续不断。社交媒体上的信息传播加重了青少年的羞辱感，因为它就像病毒视频一样不断蔓延。大多数被霸凌过的青少年并不会自杀，其实霸凌者和被霸凌者都处于危险之中。如果一个曾遭受霸凌的孩子死于自杀，通常情况是这个孩子处于多重压力下，并且在其他方面也非常敏感和脆弱。由于社会支持和自我救助的能力有限，因此这类人有一种非常强大的压力感。那些企图自杀和自杀死亡的青少年的生活中往往出现过霸凌现象，但这并不意味着霸凌就是他们有自杀想法或行为的唯一原因。在信息传递的过程中，切记不要传递造成自杀的原因仅仅是霸凌。当它被挑出来作为唯一的原因时，这些信息就会传递给那些正在遭受霸凌的人，会让他们觉得自杀是唯一的选择。媒体不应该做简单描述，或者只讲述真相的一部分，因为这很危险，也不真实。

第五章
与预防自杀相关的学校政策

许多学校在了解了我们（制定学校自杀预防政策）的简单过程后，纷纷表示也想在这方面做点什么，但是他们表示从来没有人问过他们。实际上，他们自己也不认为这是一个需要优先关注的事项，因为在他们的学校里还没有发生过学生自杀的事件。他们通常会有这样的担心，当与学生谈论自杀时，有可能会引发学生自杀。但是通过研究我们发现，真实情况并非如此。

萨姆·布林顿

学校制定自杀预防、干预和危机预案的时间应该在有学生死亡或其他灾难出现之前。在紧急状态下，人们在情绪高涨时，很难对学生、家长及学校的需求做出反应，也很难制定有效的预案。只有政策和预案落实到位，教育工作者在面对那些有自杀倾向的学生、从精神专科院出院后重返校园的学生，或者当有学生自杀或学生的家人自杀等突发状况时，才能在心理上有所准备，从而快速做出反应。

在本章，我们强调制定综合性的危机预案的重要性，并将重点放在自杀预防、纪念和保密政策上。我们希望老师们能够推广这些政策，哪怕这根本不是自己分内的工作，也要身体力行地参与其中。

所有政策和预案的制定都需要考虑学校的实际情况和学生的敏感性，并且要重点关注那些可能面临高风险的学生。如果在干预计划中需要警察和急救人员的帮助，那么要考虑学生看见这些人会有什么反应？这些学生的父母对心理健康和自杀方面的了解程度如何？这所学校的学生对心理疾病有偏见吗？学生的父母知道专业的临床社会工作者是做什么的吗？要想制定一个全面且有效的政策，教育工作者应从学生的需求这一视角来看问题，并将这些人的需求纳入规划政策的过程中。

| 学校危机预案的筹备 |

每所学校都应该制定危机预案，以便在出现学生自杀、他杀或其他灾难时迅速做出反应。预案中应该包括危机发生后由谁代表学校公开发言、学生应该怎么做、他们应该去哪里等。

乔纳森·B. 辛格（Jonathan B. Singer）博士是临床社会工作者、美国自杀学协会主席，他建议增设学校危机预防和干预的培训课程。这是一个为期两天的培训课程，包括线下课程和线上课程两部分。它采用突发事件结构化的形式，这样不管学校遇到什么突发事件，或者不管谁来处理这件事，都有一个结构化的模式作为指导。自杀预案的制定也可以参照这样的方式。如果有学生在学校自杀或开学前两周内死亡，以及有任何其他危机，一个完善的危机预案就能让人们知道他们该做些什么。在危机中，重复的努力是不必要的，而且有可能会带来麻烦。设想一下，如果不是指定一个人而是两个人打电话通知学生的父母，描述他们孩子的死亡细节，那会是怎样的场景。

| 学校预防自杀的政策 |

在美国，10 ～ 15 岁青少年死亡的主要原因是自杀，因此学校制定相应的政策对自杀风险进行预防、评估和干预至关重要，而且学校在遇到青少年自杀时，也能够做出有效的反应。预防预案和全面的学校政策可以阻止学生自杀，而不仅仅是作为学生自杀后的回应。考虑到预测学生自杀的时间是不切实际的，因此预防工作就显得格外重要，预防自杀政策可以与其他政策相结合，如与危机计划或反霸凌倡议等政策相结合。

特雷弗项目是世界上最大的 LGBTQ 青少年预防自杀和危机干预组织，该组织与其他几个机构合作制定了一个全面的"校园预防自杀示范政策：模式化的语言、评论和资源"。这是一个免费的资源，你也可以根据所在地区、学校、地区法律和文化需求进行定制。

这项政策是在地方政策强有力的支持下制定的，并且符合预防自杀方面的最新研究。这项政策的综合性表现在它包括预防、干预、事后介入（自杀后）和悼念活动。在整合校园和家庭一体化的过程中，该政策能够促进包括社会、情感和心理健康等多方面在内的整体健康文化的形成。

| 学校的悼念活动和缅怀方案 |

在较短的一段时间内，盖尔的自杀并不是我们学校所经历的唯一死亡事件。在她去世的那一年，我们又有一名刚毕业的学生意外死亡。过去，我们不知道制定一项悼念政策有多重要，但当失去一名学生后，我们必须知道如何用一种被接受的、安全的方式来缅怀他，这对治愈给其他学生带来的创伤非常重要。

美国东北部一所私立学校的辅导员

悲伤和失去亲人会增加学生自杀的风险。学校对学生或老师死因的反应是激发健康疗愈过程的关键，那些不恰当的应对策略可能会导致其他人自杀。

大多数教育工作者在职业生涯中都经历过同事或学生死亡事件。相关的缅怀活动应当由已故学生或老师的家属选择非营利组织来举办，所需资金由服务机构提供或学生组织筹款。当大家的行动、学校的气氛和彼此交流的内容都被悲伤情绪所鼓动的时候，学校必须出具书面规定，如仅能使用学校提供的书写工具（如卡片等）来寄托缅怀之情。如此一来，校足球明星中暑而亡举校悲恸、因病去世的同学却无人在意的现象可能就会减少。诺拉（Nora）就职的两所学校都发生过学生自杀事件，她理解相关教职工和自杀学生家庭如遭雷劈的惊愕表情，她理解他们的感受，并采取妥当的方式帮助和安抚家属。

我认为学校的悼念活动和缅怀方案对我们有帮助，即使是模式化的安排，也是有效果的。但当你对处理"死亡事件"有非常深刻的认识和强烈的情感共识时，你会认为陪伴家属才是最重要的。很多人会说"规定如此，我们只能照章办事"，这会让人觉得近乎冷酷无情。因为你想对学生的家属、朋友和其他人表示同情和支持，想让他们振作起来，想让他们感觉好受一点。据我所知，每次发生的情况都不同，所以采用通用的程序非常重要。"每当悲剧发生时，方针政策就是如此，我们只能照章办事"，这样的安抚对一些家庭来说可能起不到效果，但对另一些家庭来说，家庭成员可能会感觉好很多，至少所有人的待遇都是相同的。

诺拉

缅怀方案应该对所有死亡事件一视同仁。如果用一个方案来悼念死于车祸的学生，用另一个方案来悼念死于自杀的学生，这会强化与自杀有关的偏见，可能会给学生的家人和朋友带来深深的痛苦。因为不平等地处理死亡的方式会传递这样一个信息，即自杀学生的死因令人"难以启齿"。

当一名学生离世后，人们的不良情绪总是会被激发出来。最突出的是自杀后的群体敏感性，这是一个潜在危险，很容易被一些媒体报道成负面的消息，并引发巨大的轰动，如果这件事没有被公平地对待，学校管理人员很容易因此受到惩罚，并被追究责任。

　　另外，那些因自杀或其他原因失去孩子的父母可能会丧失理智，对学校提出不切实际的要求，如在学校礼堂举行葬礼，或者在校园里建造纪念碑。但是学校既不是祭祀的场所，也不是墓地，所以这两者都是行不通的。制定一个行之有效的方案不仅有助于帮助学校管理人员避免潜在的危险，而且有助于学校在处理此类事件时快速做出反应。

　　这个方案需要确保每个人都觉得自己是其中的一员，没有人会觉得一个生命比另一个生命更珍贵或更廉价。否则，它就会导致相互竞争，学生和家长都试图超越彼此。悼念活动不应该成为一场人气比拼的竞赛，制定缅怀方案有助于学校避免出现这种错误。让学生参与其中，意味着他们可以作为一个群体来讨论自己的想法和感受，从而确定一种有意义的缅怀方式。在任何特别的事件发生前制定好方案会让每个人都更加冷静。

　　那些在自杀事件发生后临时建立起来的纪念碑给学校管理人员敲响了警钟，他们担心会再次发生类似事件而拆除这些纪念碑，这让学生感到愤怒和产生被忽视的感觉。学校管理人员不应该在没有与建立纪念碑的学生商量的情况下就直接拆除它们，要问问他们有什么想法，然后开诚布公地说明为什么会提出拆除的建议，并且在符合既定方案指导方针的基础上尽量满足他们的需求。因此，从政策层面思考这些情况有助于学校创建一个更完善的方案，以满足每个人的需求。

　　由于悼念或缅怀死者是一个比较敏感的话题，因此老师必须非常清楚地了解对青少年来说哪些活动是合适的，哪些活动是不合适的。如果处理不好，容易引发学生的愤怒和沮丧情绪，也有可能导致自杀模仿行为。

　　在制定悼念活动方案时，要注意以下几点内容。

- 对待所有类型的死亡都应该一视同仁，尽量保持一致性。例如，如果在年鉴中悼念学生的死亡，你应该像悼念那些因其他原因死亡的学生一样来悼念因自杀死亡的学生。不应该一套方案适用于悼念死于自杀的学生，而另一套方案适用于悼念死于事故或疾病的学生。
- 避免在校园内设立实体纪念馆和举行葬礼活动。不建议在学校设立实体纪念馆、举行葬礼等，因为这可能会在无意间美化任何原因导致的死亡，并导致易感青少年人群的自杀或自杀行为的传染。

- 开展预防自杀或癌症的宣传活动、向非营利组织捐款，以及在课堂上请学生向父母写信吐露心声（由工作人员审阅）等，这些活动都是合适的。总而言之，开展悼念活动的目的在于能够让学生们表达他们对死者的思念和尊重。以一种有意义的方式追思死者是一种健康的应对悲伤的策略。这会使很多自认为没有用的人体会到自己的价值所在。

- 为自发的悼念活动设计一个完善的方案。学生们在表达他们的悲伤时，有可能设计出自发的悼念物（如装饰储物柜和走廊展示板）。老师要保持公开、透明的原则，并且与设计这些悼念物的学生保持联系。下面是关于开展自发悼念活动的一些建议。

  - 与学生沟通自发悼念活动的场地保留多长时间（通常不超过一周），并讨论留在现场的物品怎样处理。例如，学生可能会拍照，并从现场收集物品送给已故学生的家人。让学生尽可能参与这些活动的好处在于，他们觉得这个决定是公平的，并且尊重了他们的意愿。

  - 学校应通知已故学生的家人自发悼念活动场地布置何时被移除，并会将物品交给他们。

  - 不得留下不可擦除的书写（如涂鸦），布置的物品必须不易腐烂，不能阻挡出口、走廊、不得占用其他学生的储物柜。

  - 如果有必要更换自发悼念活动的场地，可以让学生一起参与搬移。

  - 监控自发悼念场所，以便立即删除不适当的书面评论或立即移除不合适的物品。在校园中自发设立的悼念场所可能存在一个问题，尤其如果它们被安置在危险的地方，如繁忙的十字路口。校园外的悼念活动是学校几乎无法控制的事情，但它们确实影响了在校学生，所以如果有必要，应有指定人员联系社区工作人员来讨论这些问题。

  - 在有人自杀后，任何学校悼念活动或小团体集会都应关注如何预防自杀；收集可利用的预防资源，如准备一个钱包大小的卡片，让学生们写上两个自己值得信任的成年人，如果学生处在危机中，学校能够联系到他们。

- 线上悼念页面应该传递充满正能量的信息，由成年人监控，并有时间限制。学校要关注学生在社交媒体上的悼念行为，不应该因为它是"校外"的事而忽视它。学校应指定专门的工作人员查看这些页面，以监控学生的情绪，确保他们的健康。同时要多关注学生对死者忧郁不安的、破坏性的或贬低性的评论，以及有自杀或杀人意图的言论。

- 让学生参与制定悼念方案。邀请学生讨论他们对这个主题的想法和感受，并确定一个切合实际的和有意义的悼念方案。方案中应明确规定，后期的悼念活动（如筹款活动、志愿者日），学生都可以参与其中。

- 悼念有时是学生表达痛苦的一种方式。经过学校管理人员审核后的卡片、信件和图片可以交给死者的家人。如果这其中有表明学生可能存在自杀风险增加或需要额外的心理健康援助的情况（如他们写下了关于死亡的意向或其他风险行为），心理老师应该对他们进行评估，以帮助确定风险水平并进行适当的干预。

- 维持日常活动正常进行。尽管老师或学生请假参加悼念活动或其他与死亡事件有关的活动是被允许的，但学校不要因为这种情况取消上课。尽管这种情况很特殊，但维持日常活动正常进行非常重要。

- 有人自杀后，学校的任何悼念活动或小团体集会都应做到以下几点。
  - 有成年人的监督
  - 表达对死者的尊重
  - 有预防资源
  - 如何预防他人自杀（不要为有自杀想法的朋友保守保密）
  - 让学生提供两个值得信赖的成年人的联系方式
  - 有合理的应对悲伤的方法

- 不要举行大型的悼念活动。这样的活动可能会使青少年产生难以控制的情绪。

- 与死者家属商讨关于悼念的事宜。指定专人与家属联系，在制定悼念方案的同时要尊重家属的意愿，并且尊重他们的文化和宗教信仰。

- 告知建议。在得到有学生死亡的消息后，学校应立即派两个人到死者家中，其中一人必须是学校管理人员（这个人应该是学校主要管理人员或校长助理，但不是校长），另一个是死者家属熟悉的人（如学生的班主任或其他任课老师）。虽然学校管理人员在听到学生死亡的消息后立即就去拜访其家属不合乎常理，但是不这样做也不合适。学校需要咨询律师的建议，以了解死者家属可能会从哪些方面起诉学校。但如果学校管理人员不立即告知死者家属，只会增加他们的敌意。例如，如果有学生在足球训练时中暑死亡或在校园内自杀，校方却保持沉默，那死者家属会对学校产生极大的不满。

| 保密政策 |

害怕隐私被暴露使青少年不愿意相互分享自己遇到的问题。他们可能会担心被父母或老师知晓，或者最终被记录在档案中（这也是父母的担忧）。为了鼓励学生主动寻求帮助，你需要让他们知道，你们之间的谈话内容都是保密的，因为你希望能帮到他们，不希望他们面临危机。有时，我们不能保证做到完全保密，这主要取决于交谈的内容。例如，如果他们可能会伤害自己或对他人造成危险，那么我们可以开诚布公地向他们说明这些界限，并承诺会谨慎处理并尊重他们的隐私。这里要注意，在青少年寻求帮助之前就告知他们这些规则，否则对未知事情的恐惧会占据他们的大脑，从而减少他们寻求帮助的可能性。在明显的地方张贴保密协议（模板见第十二章）能促进学生寻求帮助的行为。这个可编辑的保密协议模板可以张贴在办公室、走廊、餐厅、教室等地方。它提供了让老师和咨询团队取得信任机会的资源，因为学生很有可能向自己熟悉的老师而不是心理老师求助。

第六章

预防：老师在创造预防自杀文化中的角色

我认为，老师在学校中发挥着至关重要的作用。老师在课堂中创建了学生与学校的联系及对学校的认同，并且教学生如何应对挫折。对遇到困难的学生来说，老师可以成为他们预防自杀的第一道防线。

斯科特·洛默里

青少年大多在老师的监督下学习，所以老师的所见所闻、观察力和直觉对降低青少年的自杀率起着非常重要的作用。师生关系有着非同寻常的价值：没有老师，再厉害的黏合剂也无法弥补青少年安全保障网络的大漏洞。简而言之，老师是连接学生、学校、家长和心理健康资源最重要的纽带。

虽然本书的目的是促进预防青少年自杀，但这一意图并没有转化为对学生自杀教育持续、详尽的关注，而是在中学教育中积极行为干预与支持的总体一级框架内实现健康平衡。指导一级积极行为干预与支持的核心原则包括：老师需要意识到自己可以且应该有效地向所有学生教授适当的行为，在学生的不良行为升级之前尽早进行干预，尽可能地使用基于研究的、经过科学验证的干预措施，监测学生的进步，并且依据数据做出决策。

如何将自杀预防融入这个框架？对高中生而言，学校可通过社会情感学习（Social Emotional Learning，SEL）计划，结合心理健康和自杀教育（包括门卫培训），加强对学生的保护，为预防自杀奠定有效的基础。这可能会转化为一个针对所有高中生的自杀预防教育模块，也可能会转化为一个针对所有年级学生的年度心理健康模块，同时还有多个持续的应对技能学习。

然而，由于青少年的大脑发育尚不成熟，大多数中学可能更注重心理健康教育，并通过社会情感学习帮助学生发展健康的应对策略，同时也包括适合年龄的资源和教育。

当你和中学生交谈时，不要刻意提及自杀这一话题，要更多地关注他们的健康、精神生活和经历。

维克托·施瓦茨

虽然许多学校，如本书中多次提到的诺布尔和格里诺的学校，多年来一直进行各种预防自杀培训、项目和社会情感学习，但这并不是它们当初想做的，它们一开始承诺将学生健康放在优先位置，并专注于一个简单的想法，即为了实现这个目标必须将健康放在首位。

去年，我们邀请斯坦利·金研究所（Stanley King Insitute）的人员对我们的老师进行了为期一天的培训，教他们在与学生交谈时，如何做到耐心倾听，也教授了一些基本的交谈技巧。我们学校以身心健康教育为抓手，促进学生全面发展。我认为诺布尔的学校的一个优点是将建立良好的师生关系放在首要位置，它们这样做的目的是让学生在学校里快乐地学习和生活。因此，为了做到这一点，我们不断地尝试各种方法，让老师能够更轻松地从事这项工作。

珍妮弗·汉密尔顿

情绪稳定的学生旷课少、成绩好，很少受外界的干扰，人际交往方面的矛盾冲突也少。这意味着老师不需要在这些学生身上投入太多的精力。把提升情绪健康管理的培训课程融入教学对任何学校都有益，因为自杀是可以预防的，这些被融入教学的技能可以让学生终身获益。

|创造一种联结和有归属感的文化|

我已经在这所公立高中工作了7年。几年前，我们学校有一名女生自杀身亡。我不是她的任课老师，但是她喜欢运动，所以作为一名体育老师，我关注了她的去世对她的朋友的影响。我不止一次收到学生给我留的便条，他们想自残或自杀。这些特殊的情况对我的生活和工作产生了巨大的影响。此外，我的女儿在读大学一年级时曾经两次企图自杀。因此，在做与心理健康方面相关的咨询工作时，我会用我的家事打开话题，与那些在心理健康方面有困扰的青少年建立融洽的关系，并试图消除他们的耻辱感。我在课堂上会谈论健康史和遗传学，并且要求学生与父母谈论在他们的家族中是否有人有抑郁、焦虑甚至酗酒的病史。我很坦率地告诉他们，我也这么做过，这样我就可以再次与每名学生建立融洽的关系。也许这就是有些人在遇到很糟糕的事情时会向我求助并信任我的原因。总之，我觉得了解心理健康方面的知识可以帮助学生更好地渡过高中和一些艰难的日子。知识就是力量，我会竭尽所能地向学生输出更多有关生命的意义！

弗吉尼亚州公立高中的一名体育兼心理老师

研究表明，学校和同伴联系感的增加，可以减少学生的自杀想法和行为。创建有归属感的文化包括分享自己的经历、对文化敏感、允许发展不同的观点和建议。

文化敏感性是指要意识到文化的差异和相似之处，它如何影响人们的价值观、对自我的看法及行为。要想培养文化胜任力，老师必须保持开放的心态，认识并摒弃自己先入为主的文化偏见，理解学生对其所教课程的不同看法。对已经融入多元化和包容性教学法的学校来说，培养文化胜任力会更容易一些。

作为一名老师，尽管你无法按照自己的想法选择课程，但你可以将这种包容性置入你所教授的内容中，使其更加具有全面性和包容性。

现在，从你班级上有特殊需求的学生（包括身体残疾的学生）的角度考虑你的教学方法。例如，在一个班级里，为一名坐轮椅的学生提供单独的桌子会使这名学生感到更加被孤立。因此，老师可以询问坐轮椅的学生希望用哪种方式与同班同学一起上课。如何看待那些有学业焦虑或正在与作业作斗争的学生？如果当着全班同学的面指责他们，可能会让其心生怨恨并影响课堂纪律。如果你注意到一名学生坐立不安、孤立无援、上学迟到、不想参加课堂讨论，请你私下与这名学生沟通以了解具体的情况，并告知学校的心理老师。当你注意到学生出现焦虑不安的症状时，你可以教学生采用合适的方法（如深呼吸、体育锻炼等）来缓解这些症状。

老师能做的任何促进家长和家庭参与的事情都会让学生感到更有归属感。因为不管家庭收入或背景如何，有父母支持的学生更有可能取得更高的分数、按时上学、有更好的社会技能、行为表现更好、适应能力更强。

接下来需要的是一些具体的教育活动，然后提供一些与学生需求相匹配的服务，如增进父母和孩子之间的互动和交流。

这些孩子不会对父母说："嘿，我真的很沮丧，我有心理健康方面的问题。"在文化方面，很多时候"心理健康"和"抑郁"这些词对家庭来说很陌生。这使学校成为至关重要的安全场所，可以讨论他们在家里不方便谈论的话题。

杰西卡·契克-戈德曼

老师还能做些什么让学生感到被包容和被接纳？教授戏剧、艺术、英语和音乐的老师可以通过让学生自己表演或通过观看视频来接触新的和不同的文化，以思考社会公正和残疾人所面临的独特挑战等议题。

从我们的角度来看，所有这些问题似乎都是微不足道的，但对那些曾经被虐待和被边缘化的人来说，这些问题可能会给几代人带来创伤。

对青少年而言，情感联系不仅重要，也是他们幸福的中心，更是防止自杀和支持学生健康的无可争议的保护因素。无论你在学校做什么工作，都要为学生们创造相互合作的机会，以加深他们对彼此的了解，并强调那些帮助他人渡过逆境的应对策略。

| 合作是成功的关键 |

　　为了有效建立一种优先考虑预防自杀的学校和课堂文化，了解学生的基线及这个年龄段的孩子经历了什么导致他们感到绝望，这可以有效防止他们陷入危机。信任是建立这种文化的关键因素，在这种文化中，当学生遭遇困境、拼命挣扎或需要找人倾诉时，老师愿意伸出援手，愿意与学生建立联系并帮助他们。这需要老师协作、及时沟通、保持激情和愿意承担起对学生健康的重任。

　　在这所拥有 3400 名学生的学校里，我是唯一专门负责学生心理健康的工作人员。我非常重视与学校其他部门之间的合作。因此，我每年都会和英语系的学生见面，并进行简短的交谈。"嘿，伙计们。如果有学生提到心理创伤或家里发生的问题，请告诉我或发信息给我。我会阅读的。"值得注意的是，孩子们会在他们的英语作文中写一些反映他们心理状况的内容，通常用小说中的一个角色来代替自己，然后你可以和他们交谈，再进行评估，就会发现真正存在的问题。有一个孩子描述了一个女孩担心自己太胖，我对她进行了评估并推荐她去就医，最终她被确诊为进食障碍，并住院接受治疗。由此可见，心理咨询师与老师保持良好的关系非常重要。

杰西卡·契克 - 戈德曼

　　美国各地的学校聘请心理咨询师到各个班级做报告，鼓励大家讨论心理健康方面的问题，以及进行应对策略研讨。这种方式不局限于在心理健康课和体育课上进行，还可以在数学或历史课上进行。这些报告有些是面对面的，有些是线上的。

创建安全的数字化学习环境

我们采用先进的数字化技术，每天都对学生在网上发布的任何可能令人担忧的内容进行全面排查——从论文到聊天记录。一名学生在聊天记录中用白色字体写下了她的自杀意图。我们的眼睛可能忽略掉这些内容，但技术不会。系统将这名学生的名字发送给我们的团队，我们的一名成员联系了她，后来又联系了她的父母。这是我们一直在关注的一名学生。这是一个隐形的呼救，我很欣慰这名学生目前是安全的，并得到了所需要的帮助。我们必须对那些病情好转但仍处于痛苦中的孩子保持警惕。因为青少年的情绪变化很快。

东南公立学校的一名心理老师

有时，青少年会在数字学习平台上以隐秘的方式讲述他们的自杀意图。为了发现这些潜在的危险，许多学校使用一些技术工具，在表示危险的内容发布之前对其进行标记，包括酗酒、暴力倾向、自我伤害、霸凌等。它像一个勤奋的机器人，可以清扫环境，标记有问题的内容，找到陷入困境的学生，并根据预先确定的风险级别通知工作人员。对自己或他人施加暴力等高风险行为会引发系统紧急通知值班人员。对不当言语，如果不是迫在眉睫的威胁，系统将阻止其发布，学生将收到违规警告。这种技术工具的特点是价值高、成本低，可以帮助教育工作者规避悲剧和其他潜在危险事件的发生。

选择合适的课程或培训

学校是青少年自杀预防项目广泛使用的场所。学校预防自杀工作分为普遍性预防自杀、选择性预防自杀和指定性预防自杀。普遍性预防自杀是指对全体学生减少危险因素或增强保护因素的预防自杀计划。选择性预防自杀是指对那些表现出与自杀相关的危险因素，但尚未报告有自杀想法或企图的青少年的自杀预防计划。指定性预防自杀是指干预那些已经报告有自杀想法或企图的青少年的自杀预防计划。学校预防自杀工作的例子包括自杀意识和教育、筛查、老师培训等。

你可能想知道从哪些方面着手开展学校的自杀预防工作。如果你所在的地方还没有开展自杀预防培训，那么就把最初的努力集中在自我培训上，并鼓励学校为员工提供自杀预防的培训。就培训项目而言，你需要看看那些循证的或有证据支持的项目，并考虑你获得的领导支持和资源、目标是什么、学生人数构成，你所在的学校在社会情感学习和心理健康教育方面已做到什么程度。

有一些旨在增强保护因素的项目，如社会情感学习，你可能已经将它纳入了你的课程中。社会情感学习确实可增强保护因素，如应对技能培训、决策和解决问题能力培训，都可为预防自杀奠定文化基础。这些项目可以防止学生陷入危机，帮助他们在逆境中找到希望和力量。如果你的学校正在实施社会情感学习，那么这时对老师进行自杀预防培训就显得至关重要。因为当学生经历社会情感学习角色扮演场景时，他们中的很多人会利用这个机会寻求帮助。

如果你没有接受过培训，不知道如何帮助学生处理危机，那么有些线索就会被错过、忽视或回避。然而，无论你所在的学校是否将社会情感学习纳入课程中，都不应阻止你将这些概念纳入自己的教学中，并在课堂上模仿这些行为。

在本节，我们重点介绍了培训和可在学校实施的项目。每个项目都侧重于以下一个或多个目标：鼓励更加开放地讨论心理健康和自杀问题，消除歧视，教授学生应该说什么和做什么，增加保护因素，促进建立有联结感的校园文化，注入希望和对未来的愿景，并加强寻求帮助的理念。

有些自杀预防项目包罗万象。对学校老师进行自杀迹象培训的第一步也是至关重要的一步，即当学生表达自杀想法时，老师该如何做（参见本章最后的示例）。学校不应该等到有学生自杀时才意识到制定一个程序或将这些培训或项目纳入学校课程中的重要性。你得知道有人会支持你，你并不是一个人。你已经具备了与学生交谈或进行引导的技能，培训只是增加你这样做的信心和能力。

我们在学期初进行了一次 SOS 求救（课程）教学，然后进行第二次课程教学，要么是"拯救生命"，要么是"超越悲伤"；进行哪一门课程的教学一般由在岗的学校社会工作者来决定。我们最近开始向一些家长提供"超越悲伤"课程的视频。自从每年进行两次预防项目以来，我们看到高中生的自杀率有所下降。虽然他们还会谈论"我希望我死了"，但我们让更多的人意识到他们在说什么、谁会干预。

詹姆斯·比埃拉（James Biela）

临床社会工作者

| 通用学校自杀预防项目 |

对所有希望解决心理健康问题并提供心理健康支持的学校来说，最好的做法是与当地社区组织合作，这些组织可以是政府、机构或当地的非营利组织。特别在农村地区，这些基于社区的资源可以帮助学校实施自杀预防或心理健康计划。与学校所在地的心理健康服务提供者合作是减少潜在自杀风险的另一种方式。在考虑通用学校自杀预防项目时，要寻找那些有证据支持其有效性的项目，也被称为实证有效的项目。更好的方案是那些循证项目，这意味着该项目已经在随机对照试验中进行了有效性测试。在考虑采用该项目时，有关项目有效性的数据可以作为与领导层、家长和社区合作伙伴沟通的有力证据。

SOS 自杀迹象

SOS 自杀迹象是一个循证项目，从 2001 年开始面向初中和高中，已培训成千上万的学生和老师。该项目已进行了三次随机对照试验，自我报告的自杀企图显示减少了 64%。在美国国家自杀预防生命线的帮助下，该项目除传统的面对面学习外，还可在线上学习。该项目的主旨是认可、关爱、讲述：认可你看到自己或朋友的自杀迹象，关爱是让你的朋友知道你担心他们，讲述意味着告诉一个可以信赖的成年人你的生活中发生了什么。这是对学校相关人员进行培训的通用做法，并重新定义寻求帮助的行为是勇敢而不是懦弱的表现。

除了教职员工培训和家长培训外，我们的资源还包括学生项目培训。我们提供材料，让学校做好准备，观察预警信号并做出相应的反应。学生观看一段 20 分钟的视频，然后全班同学讨论。接下来，他们接受抑郁症筛查，这被称为"青少年抑郁症简单筛查"，这种非诊断性筛查用于鼓励学生寻求帮助。我们想让学生掌握自己的健康信息，这样他们就可以与学校的心理健康专业人员或值得信任的成年人交谈。学生培训的最后一部分是学生答卷，上面写着"看了视频或筛查后，我觉得我需要和一个人谈谈"，或者"我不需要和某人交谈"，然后学校决定是否需要跟进该学生的情况。有些学校从 2001 年开始采用该培训，有些学校刚刚开始使用它，有些学校的心理健康资源非常有限，还有些学校有很多心理健康资源。随着时间的推移，学校已经注意到，他们使用 SOS 自杀迹象确实改变了学校内部的文化，而且学生更愿意谈论心理健康问题。

莱亚·卡尔纳特（Lea Karnath）

SOS 自杀迹象高级项目经理

美国各地学校的心理咨询师和心理健康工作人员普遍缺乏。因此，如果一个学区有一名咨询师，整个学区的数千名学生共享这名咨询师，那么在一周内实施一个有数百名学生参与的项目是不现实的。然而，莱亚建议用一个能容纳 20 ～ 25 名学生的教室作为试点。这个试点项目有助于确定有多少学生会说出心里话并告诉一个值得信任的成年人，有哪些学生需要关注，有哪些学生需要心理健康服务。一旦试点完成，学校可以利用这些信息搭建一个框架，确定有多少学生可能立即寻求服务，然后在该学期的课程中继续对该学生群体进行培训。

所有这些项目的初衷是让老师能够注意到预警信号，并能够向学校心理健康专业人员提供信息。对学生来说，他们信任的成年人往往是老师，而不一定是心理咨询师，因为老师是学生每天与之互动的人。

2019年，SOS自杀迹象还启动了一个奖学金计划，鼓励资金匮乏的学校申请，然后SOS自杀迹象会为学校提供资金。该项目可以由老师、心理咨询师、校医等负责实施。

|力量之源|

力量之源（Sources of Strength）是一个很受欢迎的循证项目，适用于初中和高中，旨在建立保护因素，降低脆弱青少年自杀的可能性。虽然每个项目都可以作为一个独立的项目，但一些学校将把SOS自杀迹象和力量之源的理念整合在一起融入学校，因为它们是相辅相成的。力量之源项目的不同之处在于，它把学生培养成同伴领导者，并把他们与学校和社区的成年顾问联系起来。我们知道，通常学生们会把心事告诉他们的朋友，而那些朋友却不知所措。顾问会对同伴领导者进行指引，通过应对方法练习，减少自伤、药物滥用、滥交等问题行为的活动促进同伴的积极行为。

当我们创建力量之源时，我们试图填补当时在预防自杀领域看到的几个空白。我们想逆流而上。现在有很多东西都是非常保守的、受危机驱动的、有风险的——主要关注谈论风险因素和预警信号。但当我们和青少年谈论自杀的危险因素和预警信号时，几乎我们去过的每一个地方，学生都可以发出这些信号。

但当我们问他们（学生），"有自杀倾向的人是如何好转的？对酒精上瘾的人是如何康复的？被虐待、骚扰或强奸的人会怎么做？他们是怎么熬过来的？"我们开始意识到有很多风险事件的对话，但没有关于力量的对话。例如，有韧性是什么样的？康复是什么样的？我们又该如何面对生活给我们带来的起起落落、曲折和风暴，从而让我们的生活变得更健康？

另一个差距是，很多公共卫生信息和预防信息，当然还有自杀预防领域的信息，都停留在悲伤、震惊、创伤的范本里——很多悲伤的图像、令人震惊的统计数据和创伤故事。这让人习以为常，误以为制造自杀似乎比自杀本身更常见。事实是，绝大多数有自杀想法的人并非死于自杀。恢复能力、韧性和联结是真正的范本，但当我们给出这些令人震惊的图像、统计数据或创伤故事时，却没有将这些内容传达出去。我们真的很想讲述那些有力量的、有联结的、有恢复能力的和有韧性的故事，并使这样的途径正常化，让大家知道我们可以渡过难关，我们可以变得更好。因为我们所看到的是，很多正在痛苦中的学生会看到那些悲伤、震惊、创伤的信息，然后说"是的，那就是我"，这会强化一种必然性和绝望感。我们想强调人们如何渡过难关，这样他们就可以说"是的，那可能是我"，并找到希望和获得帮助的途径。

我想说的最后一个区别是，如果我们的工作要改变学校的现状，我们必须让学生参与进来，他们的声音对推动和改变这种文化至关重要。

斯科特·洛默里

根据高中的规模，通过教职工和学生提名的方式招收 10～50 名学生。由他们组成一个同伴领导者的团队，由 2～5 名成年顾问指导。经过认证的力量之源培训师会为同伴领导者提供互动培训，成年顾问也会参加。成年顾问协助同伴领导者计划、设计和实践特定的信息传递活动，包括个人和媒体信息，以及课堂演示，这反映了对当地文化的适应性。同伴领导者通过视频、社交媒体、网站平台、短信等方式传递信息。

该项目通常为期 3～6 个月，随着时间的推移，同伴信息和联系人不断增加。这样做的目的是将其融入学校文化，使自杀预防谈话正常化。

我开始参与预防学生自杀的活动，这让我与力量之源组织合作。他们来到堪萨斯城，某些学区和社区做得非常好。所以我们现在看到，在这些地方，虽然自杀事件并没有消失，但在某种程度上它确实减少了。我们这里有一所很大的私立学校，它是一所非常好的学校。2019 年毕业的学生中有 5 人自杀身亡。我认识这所学校的很多管理人员和老师。他们说"帮帮我们。我们能做点什么吗"，我会说"让我给你们介绍一下力量之源的人吧"。

肖恩·赖利（Sean Reilly）

堪萨斯州同心同德计划自杀联盟特别小组总检察长，退休老师

同伴的力量之源模式在初中生和高中生中很有效。然而，在考虑为更小的学生提供更好的项目时，力量之源模式专注于将保护因素转化为面向小学生的社会情感学习类型课程，其中包含一些预防自杀和心理健康的内容，这些通常是其他社会情感学习模型中所缺乏的。这加强了在儿童发育早期进行自杀预防的基础。

生命线预防

生命线预防是海瑟顿出版社（Hazelden Publishing）推出的一门面向初中生和高中生的循证课程，是一个全面的、学校范围的自杀预防项目的组成部分之一。这个通用的学校项目由三个部分组成，分别是生命线预防、生命线干预和生命线事后预防。这一系列课程是青少年使用的该类型课程的唯一范本。生命线预防计划的总体目标是促进一个有爱心的、有能力的学校社区。在这个社区中，鼓励并推崇寻求帮助的行为，认为自杀行为是一件不能被保密的事。生命线预防课程向初中和高中老师、家长和学生讲述了关于自杀事件实情和他们在自杀预防中发挥的作用。它使学生知道如何倾听、说些什么，并通过角色扮演最终帮助有风险的同龄人找到正确的人，同时展示了有自杀想法的人进行自救的重要性。它包括对学校教职员工的培训，使他们做好识别和应对有自杀念头学生的准备，同时培训并教育学生，使他们了解自己在预防自杀方面的作用，并为家长提供培训班的宣传材料。

希望小队

另一个值得考虑的项目是希望小队（Hope Squad），这是一个循证的同伴自杀预防项目，始于美国的犹他州，现在已经在好几个州开展。格雷戈里·A.哈德纳（Gregory A. Hudnall）博士所在的学校失去了一名学生，这激励他创办了这个项目。该项目是与当地心理健康机构、犹他大学和杨百翰大学合作开发的。希望小队的成员接受培训，以识别同伴的自杀预警信号，并将他们推荐给值得信赖的成年人。项目在第一年取得成功后，哈德纳博士在普罗佛市学区的每一所学校都实施了该项目，彻底改变了该学区自杀预防的方法。该项目实施 9 年后，普罗佛市学区的自杀率降为零。

应对和支持培训

应对和支持培训（Copong and Support Travning，CAST）是重新联结青少年的循证项目，与美国疾病控制与预防中心的学校健康教育资源所制定的国家健康教育标准一致。该项目是面向高危青少年的学校小型团体咨询项目。除此之外还可面向全体学生进行普遍性预防，或者面向高危学生进行选择性预防，或者针对特定的危险学生进行指定性预防。它包括 12 个 55 分钟的课程，由一个经验丰富的成年人授课，每周两次，在初中和高中校内外灵活举办。在校外举办时，通常由社区青少年机构、心理健康专业人员和社区活动中心指派专人授课，如受过训练的老师、顾问、社会工作者或其他有类似经验的老师。

心理健康培训计划

这些心理健康培训项目将帮助教育工作者发现有问题的学生，尽管并非所有患有心理疾病的人都有自杀倾向，也并非所有有自杀想法的人都有心理疾病。我们知道，大多数自杀者普遍存在心理疾病，而且会使他人更容易受到伤害。创伤训练和社会情感训练都是心理健康培训计划的补充项目，它们可以帮助你识别哪些学生可能有问题、如何与他们沟通，以及该做什么。

青少年心理健康急救

青少年心理健康急救（Teen Mental Health First Aid）课程由美国国家行为健康委员会和天生如此基金会共同开发，为高中生提供面对面培训，讲授如何识别、理解和应对同龄人表现出来的心理疾病、药物滥用、物质使用障碍的迹象。该课程为学生提供了支持性对话工具，并教授他们如何将朋友推荐给值得信任的成年人。它赋予青少年所需的知识和技能，以促进自身健康及与朋友间的相互支持。

超越悲伤

超越悲伤（More Than Sad）课程的开发获得了美国预防自杀基金会的帮助，它教会家长、老师和青少年如何识别抑郁症和其他心理健康问题的迹象。

如果你所在学校没有得到领导的支持，不得不等待资金，或者急需一些面向老师和家长的课程，超越悲伤是一门非常不错的心理健康教育课程，并且线上、线下授课均可。

为学生提供保护因素的项目

本节重点介绍如何在出现问题之前将普遍应对策略融入学校课程，并认识到在数字化时代，学生学习这些技能的机会越来越少。这是两个具体项目的例子：学术、社会情感学习合作组织，定制或调整自杀预防方案。这两个项目侧重于两个不同的方面：一个强调社会情感学习，另一个是体验项目。这两个项目通过帮助学生了解他们的行为方式看到自己的未来，让他们接触到新的意识形态。

学术、社会情感学习合作组织

学术、社会情感学习合作组织向学生提供可靠的、高质量的、循证的社会情感学习培训，同时为社会情感学习培训项目，特别为那些有可能在全美学校广泛应用的项目提供鉴别和评估其质量的系统框架。该组织还为学校筛选和实施社会情感学习培训项目提供最佳实践指南，并建议学校优先执行的事项。

辩证行为疗法之青少年情绪问题解决技能训练

青少年情绪问题解决技能培训课程是一门为初中生和高中生设计的通用社会情感学习课程。该课程于 1993 年首次作为教学课程被引入学校，由詹姆斯·马萨博士（James Mazza）、伊丽莎白（Elizabeth）、德克斯特·马萨（Dexter-Mazza）及其同事共同开发。

辩证行为疗法之青少年情绪问题解决技能训练是对校内学习课程的补充，为自杀预防奠定了基础，并为青少年提供渡过逆境的方法，教青少年在达到危机水平之前如何缓解压力。当詹姆斯看到即将入学的大学生几乎没有什么情绪调节技能，并且知道自杀是大学校园里的第二大死亡原因时，他决定向大学生讲授这门课程。

在每堂技能训练课开始之前，我们都会教授几种不同的辩证行为疗法的练习。在初中、高中，甚至大学阶段，家长和老师都非常注重孩子的学业，很少关注孩子的情感，而辩证行为疗法之青少年情绪问题解决技能训练是一种全面教育孩子的方法，值得所有人学习。

爱默生模型

爱默生模型（Emerson Model）是一门不太为人所知但积极的课程，是由堪萨斯州一名退休老师、自杀预防倡导者肖恩·赖利开发的。该课程通常为期 8 周，旨在帮助青少年对潜在的职业选择获得宝贵的个人见解，主要目标是让青少年思考自己的热情所在、未来设想和自我潜力——使之充满希望和可能性。这尤其适合那些没有就业前景的地区，或者那些觉得自己没有未来的孩子。爱默生模型是肖恩·赖利与同心同德项目的吉姆·克拉克（Jim Clark）共同讲授的一门课程。该课程有四个主要组成部分（每个主题两周）：积极的同伴关系、信任和正常的成年人关系、真实世界的体验，以及以创造自我品牌的"英雄之旅"形式的艺术表达。

执行该项目的另一所学校为离家出走或无法与寄养家庭生活的寄养儿童设立了青少年农场。这个青少年农场中有 20 个十几岁的男孩，他们来自堪萨斯州的各个地区。

| 定制或调整自杀预防方案 |

很多时候，学校想要"定制"自杀预防项目和筛查方案。如果你所在的学校正有这方面的考虑，那么就列出一份清单，并咨询能提供支持的团队。三大通用学校项目（SOS 自杀迹象、力量之源和生命线预防）已经实施多年，并且都支持定制方案，所有倡导者都希望通过商讨如何做才能消除将预防自杀教育融入学校的阻碍。考虑到大多数自杀预防方案都是精心设计的，要想满足预防自杀的具体指导方针，并且有支持其推广的大量科学证据，定制适合自己学校的方案有可能会很棘手，会遇到一些麻烦及产生意想不到的结果。

| 自杀风险筛查 |

一些通用自杀预防项目有自我评估筛查方案，使学生能够对自己的心理健康负责。但当涉及评估或筛查学生的自杀风险时，并不是所有学校都有合适的人员来做这些工作，一些专家主张这些工作应该在治疗师或医生的办公室进行，因为那里有特定的医疗保健途径。然而，许多学校确实有足够的资源、人员和协议来应对自杀风险和评估筛查。无论你所在的学校在这个问题上持何种立场，老师、辅导员、校医、教练和活动主管都应该鼓励初级保健医生在学校和体检中纳入自杀风险筛查。

因为很多人对自杀筛查问卷（ASQ）中包含的问题很好奇，我们在这里将问题列出。

自杀筛查问题：自杀风险筛查工具。

- 在过去的几周里，你是否希望自己死掉？　是 / 否
- 在过去的几周里，你是否觉得如果你死了，你或你的家人会更好？　是 / 否
- 在过去的一周里，你有没有想过自杀？　有 / 没有
- 你曾试图自杀吗？　是 / 否
- 如果是，怎样自杀？在哪里自杀？

如果患者对上述任何一个问题的回答是肯定的，请问以下精准问题。

- 你现在有自杀想法吗？　有 / 没有
- 如果有，请描述：

_____

_____

临床社会工作者杰西卡·契克 - 戈德曼擅长对学生进行自杀干预和风险评估。尽管她拥有丰富的专业知识，为了与他人判断上的细微差别保持一致，她通过打电话给校外同道，与其他老师和同事进行复查来确认自己的判断，并建立了内、外部协作的学生心理健康分类法。然而，许多学校并没有这方面的专业知识。所有这些都需要与学校学生健康护理团队进行讨论，做出最适合学校的草案，无论在何种情况下，健康护理团队都应该有外部社区资源的关系，包括可以住院的医院、心理健康倡导者、自杀筛查与评估。

| 预防自杀教育需获得校领导的支持 |

学校领导经常有很多借口不实施自杀预防计划：需要太多的资源，没有时间，这不是目前优先考虑的，资金不足，时机不对，主题太消极，家长会反对，等等。但是，实现变革的关键唯有获取学校高层的支持这一条路。

只有倡导者知道如何解决这些具体的问题才可能赢得校方的支持。毕竟，强扭的瓜不甜，只有上下一心，同心协力才能达到最好的效果。

预防自杀的主要促进因素之一是获得学校领导的支持。只有学校高层认为"这很重要，我们要这么做"的时候，大家才会认可你并选择加入。跟校方谈判的时候，我用过很多方法，其中一种非常有效的方法是让这个校区的自杀孩子的父母来演讲，并且确保校方领导也出席。

乔纳森·B. 辛格

学校预防自杀工作的阻碍

学校领导层对实施预防自杀教育的五个常见顾虑。

- 怕担责任
- 担心预防自杀教育反而会把自杀意识灌输给学生
- 担心因此而增加教学任务，从而导致教职工罢工
- 不想因此花费太多的时间和精力
- 焦虑，担心没有足够的资源来应对项目之初就亟须处理的大量学生求助

学校领导层的第一个顾虑是，如果他们增设预防自杀教育，一旦学生的父母起诉学校，这将可能让校方承担额外的责任。相反的观点是，学校为学生着想，开展基于实证的预防自杀培训是他们义不容辞的责任和义务，这不仅能拯救相关学生，还能帮助学生识别家人或朋友的自杀因素和风险，可谓一举多得。

在第四章中，我们讨论了谈论自杀会让青少年产生自杀想法的误解。事实上，与学生谈论自杀话题是最有帮助的预防策略之一，因为它让学生明白这件事是被关注的，并且开放的谈话形成了一种包容的氛围，让更多的学生不会因此感到羞愧，更容易站出来。多年来，我们一直把它藏在一个黑暗的角落里，但是自杀率仍然居高不下。然而统计数据显示，光明正大地对该话题畅所欲言才是解决问题的好办法，而非以往的沉默和掩饰。这种针对自杀的教育方式只是一种更全面的方法中的一小部分，还需要综合其他教育和生活技能方面的努力，包括身体健康、师生关系等。

尽管如此，领导层仍然会担心老师们反对，因为这会增加他们的工作负担，或者认为这并非自己的本职工作。

每年在预防自杀课程学习月开始之前的答疑课上，都会有一个提示，"如果你不愿意主导这些讨论或审查信息，请联系社会工作者，我们会安排人接替你"。碰巧我是语言系的系主任。我们系有三位新来的老师，其中一位老师说，"我想要把这项工作做好，一定会很认真地对待它，不过我很担心学生们不会认真对待。"所以我亲自联系了社会工作者，让他们和他一起去上课。能有第二个成年人帮忙真是太好了，虽然他仍然坚持由自己主导并独立完成课程，但我认为这只是因为有社会工作者在旁的支持。如果他情绪激动，可能会把工作交给其他人。

利·里斯科（Leigh Rysko）

堪萨斯公立学校语言系主任和西班牙语老师

所以，如果你了解到有些教育工作者还没有准备好或可能会反对，不要强迫他们授课，而应在他们觉得更方便的时候提出要求。或者将他们与其他老师配对，以逐渐建立他们的信心，找到其他愿意教授该模块的老师，或者让社区心理健康资源部门提供相关信息。即使在那些强制进行预防自杀培训和相关学校课程的地方，也不应该强迫他人授课。

通常，在学校开展了包括预防自杀教育的课程后，求助行为就会有所上升。孩子们之所以站出来，是因为他们担心朋友，或者想知道自己注意到的迹象是否有抑郁或自杀风险。这的确值得探讨，不过并不是所有这些孩子都需要立即被关注或接受治疗，他们很多只是向我们提出问题而已。我们越愿意谈论心理健康问题，孩子们就越有可能在学校和以后的生活中寻求支持。我们要让学生们在遇到困难时勇敢地站出来，不仅限于自杀这样的危机，还包括其他情感问题，如焦虑或父母离异等。

实施任何自杀预防项目的担忧因素是，时间紧、任务重的同时支持资源不足。大多学校认为，一旦开课，将会面临大量的学生求助，学校却没有足够的人力、物力来运作该项目。

在资金方面，这些项目非常擅长帮助学校寻求资金支持。学校可以寻求社区成员、教育基金会或社区组织来帮助筹集资金以支持相关课程项目的实施。

在自杀问题上，亡羊补牢永远是下下策。所有老师都应接受心理健康和预防自杀培训。通过引入一个包含社会情感学习和心理健康/自杀预防教育的课程项目，才能迈出实现学生身心健康优先的第一步。

健康校园文化

总体来说，健康的校园预防自杀文化应包括以下内容。

- 校领导层认可学生心理健康应放在首位。

- 员工之间同心协力。

- 健康和谐的师生关系。

- 在学校内有安全私密的空间，学生有集体感和归属感。

- 将健康、有效的应对练习（包括对学生的决策和目标设定技巧）纳入课程或课外活动中（不论有或没有正式的课程）。

- 基于实证的心理健康和自杀预防教育。

- 为学生提供分享个人故事的机会，以达到教育、激励、增进了解、接纳和反思的目的。

- 鼓励求助行为。

- 坦诚的沟通，想要做危及生命的行为不能保密，与值得信任的成年人或同事分享。

第七章

校内自杀干预项目

我们越多分享自己人性中脆弱的部分——失败和恐惧——孩子们就越会对我们敞开心扉。据我所知，大部分优秀的教育工作者已经在这样做了。

利·里斯科

专注于技能培养、教育、建立联系、解决冲突、感受安全、反对霸凌、调节情绪、设定期望的各类活动、团体、项目和展示会的目的都是帮助学生创建一个工具箱，让他们学会管理不良情绪。

在为学生开展心理健康活动之前，先请学生确定两个他们值得信赖的成年人——校内和校外各一人。当学生有危机的事情发生时，他们会向谁求助？他们会向谁倾诉？他们会怎么应对？在这个简单的培训活动后，让学生想象自己和他们信任的成年人谈论一个敏感的问题，以及谈话会如何进行。如果他们能冷静、理性地思考如何处理危机，那么真正遇到危机时就很可能使用预先思考过的策略。让学生在头脑中想象这些策略，会起到潜在的行为矫正的效果，当学生需要它们时，它们就会出现在其头脑中。老师和班主任可以更进一步，针对学生的建议及问题创建场景或让学生进行预演，这可以促使学生产生更多好的应对方法。

生活就是这样，充满了幸福、悲伤、坎坷、成功、失败、觉醒、探索，以及各种有意义的生活事件。快乐、幸福绝不会永恒持续，因为任何情绪都不会一成不变。每个人都有可能在生命的某个时刻感到悲伤，这种悲伤会让我们崩溃，觉得内心无法承受，这都不是重点。重点是一个人如何感受情绪和处理痛苦、如何寻找希望并再次前行。

虽然设定目标是一个很好的练习，但对青少年来说更重要的是，当所有的问题像一群愤怒的黄蜂一样突然向他们袭来时，他们能够处理突发事件。比起数学知识，青少年更需要培养应对这些挑战的技能，老师们也希望能在日常教学中综合培养学生应对挑战的能力。这对学生来说才是真正的成长。那么，如何在文化课的教学过程中稍作整合来帮助学生建立更多可利用的资源呢？

在本节，我们重点关注老师们对健康的社会功能和情感发展所分享的观点。提升学生应对逆境的信心和技能，可以为预防自杀奠定基础，并能有效减少自伤事件，最大限度地减少辍学和药物滥用现象。老师们也可以实践自己所教授的一些技巧，如在压力大的情况下做深呼吸。不要认为只有数学课才能把创造性思维融入生活，而英语课不能，其实都是可以的。即使是很小的整合，也能带来很多不同，你可以把这些想法融入你的教学中。

| 任何人都能将简单想法或概念进行整合 |

尝试把事件、想法和概念融入课程中，围绕学生所遭遇的苦恼和挫折进行对话，这会使与青少年的交流工作变得更容易一些。这可能帮助我们找到与自杀风险密切相关的因素，也可能是相关的远端风险因素。我知道有些学校已经把这项工作纳入社会情感学习课程中。

乔纳森·B. 辛格

远端风险因素是指在特定的条件或事件中表现出的脆弱性因素。它并不能预测学生一定会产生某种状况或某一事件肯定会发生，而是会使人在未来的某个时间置于风险中。远端风险因素包括贫穷、童年时遭受过虐待或创伤、某些性格特质及遗传因素等。

老师通过讲述自身如何渡过逆境的事例，鼓励学生分享他们的经历，这就在向学生展示人是可以调节激烈情绪的。讲述个人事件的老师需要考虑听众的情感成熟度，并恰当地做出调整，包括希望、治愈、忍耐、坚持，以及寻求帮助等，这都是勇敢的表现，老师要在适当的时候表达"我要是早点寻求帮助就好了"的想法。

华盛顿大学的詹姆斯·马扎（James Mazza）博士，是辩证行为疗法之青少年情绪问题解决技能训练的开发者之一，他表达了让学生看到教育工作者也是普通人，也有烦恼、挣扎的重要性。他说他的学生认为他拥有一切，但他会告诉学生他的那些不为人知的、无可言说的人生挫折，他作为父亲时对孩子发脾气，以及他作为丈夫时的不称职。

我想让他们看到我也需要这些技能。即使我拥有一些外在的名声或头衔，可我仍然面临挑战。我试着指出并谈论我的失败。正因如此，他们把我看作一个可以与他们建立良好关系的人。通常在学期末的时候，我会从学生那里得到很好的反馈。他们觉得我的课程非常有意义。

詹姆斯·马扎

塔米·奥佐林（Tammy Ozolins）已经做了 17 年的中学老师，她在 2016 年被评为学校"年度优秀教师"、2017 年被评为县级"优秀中学体育健康教师"。作为《说出你的心事》（Your Own Voice）的节目主持人，她一直在心理健康问题上直言不讳，她坦诚地说自己是一名自杀幸存者，曾在心理健康方面存在一些问题。

我有 II 型双相障碍（又名躁狂症）。在高中时期，我会整天从早哭到晚，一直哭到睡着为止。我每天不停地在祈祷这种痛苦能够消失。在高中和大学时代，我内心始终在不停地挣扎。在我二十多岁的时候，我企图用自杀来逃避孤独的感觉。所以，当学校心理咨询部门询问，是否有老师愿意录制一段关于我们自己内心私密世界的视频时，我决定说出我与抑郁症作斗争的经历。尽管我不确定中学生是否能够理解躁狂症。我告诉他们很多时候我感到非常无助，但还整天却假装自己很好，但一到家，我就会崩溃，我会在房间里哭泣。我告诉他们，最后我是如何敞开心扉并告诉父母自己的情况，以及后来如何得到所需要的帮助的。

　　录制视频时，我讲到了"力量、爱和希望"是如何帮助我的。然后，我向在场的人问了一个问题，包括我的学生和认识我的人，能否从人群中识别出我是一名抑郁症患者。许多老师回答说当他们在给学生看这个视频时，他们都摇头说"看不出来"。这是因为我在学校表现得很外向，声音洪亮且精力充沛。接下来，我又做出了一个决定，既然我能在视频中公开我的心理健康问题，为什么不能在课堂上这么做，更进一步帮助他们敞开心扉呢？在课堂上的自我暴露，让学生觉得我是一个直面挑战的"真实"的人，而不仅仅是老师。与此同时，我想让他们明白，对我而言，这可能是一种永远不会消失的疾病，在余生我必须学会与之共存。尽管这种精神疾病不会消失，但只要遵循正确的治疗计划，疾病永远不能左右我的人生。我最喜欢的一句话是，"有时候，最坚强的人往往是那些用微笑掩盖悲伤、紧闭房门默默哭泣、在无人知晓的战场中孤军奋战的人。"

塔米·奥佐林

　　当你讲述自己是如何渡过逆境或如何带着慢性病继续生活时，就会消除与之相关的耻辱感。学生每天都能从站在教室前面的这个现实中的人身上看到希望。塔米简要地讲述了自己的故事，并把这个故事放在一个学生能够理解的背景中：哭泣、绝望和沮丧。接着她说自己是如何寻求帮助的，从那时起，她的生活开始变好。同时，她也强调日常配合治疗的重要性，就和治疗任何身体健康问题一样，如糖尿病患者可能要吃药、持续检测血糖水平等。

　　塔米经常会在课程开始前做一个"见面问候"的破冰活动，以帮助同学们更好地认识彼此。她会告诉他们必须找一个之前没与之说过话的人，用15～20秒来分享他们最喜欢的电影或这一天里遇到的得意的事。有时，她要求学生创造一个独特的握手姿势或其他问候方式，如竖起大拇指，并且当他们在走廊相遇时，才会使用这个手势来打招呼。她让学生用锡箔纸做他们喜欢的东西。有一个孩子做了一把锡箔吉他，并说弹吉他可以让他在焦虑时感到放松，学生都非常喜欢并且准时来上课，因为他们不想错过"见面问候"这个环节。

利·里斯科是美国堪萨斯州一所公立学校的西班牙语老师，他曾经经历过一名学生自杀。此后这位老师对学生的态度更加开放了，在新学年伊始，他尽最大可能减轻学生对犯错和成绩差的恐惧。通过大量的交流活动让学生们更好地了解彼此。他强调为了更好地学习西班牙语，学生必须犯错误，而且他们都将接受这条规则：每个人都应该包容自己和他人的错误。因为错误不是灾难性的失败，错误能够促进进步、是通往成功的阶梯。尤其那些安静的优等生需要遵守这条规则，因为这些优秀的完美主义者通常承受着激烈的内心挣扎！

不管你教什么课程，在课堂上都应提供可供学生使用的资源。例如，张贴咨询辅导中心印发的保密协议（见第十二章），放置写有危机热线号码的卡片、类似青少年互助会这样的社区组织的宣传单等。在学生真正需要时，教室里随处可见的传单、卡片会为他们提供急需的资源。你一直在传达一个"我在乎你"的信息，也在表明你对敏感话题的开放态度，使寻求帮助的想法正常化，为那些你根本不知道在哪里、需要帮助的学生搭建生命线。将寻求帮助的做法看作有力量的象征而不是软弱的行为。

特别适用于中学生的一个简单的课堂破冰游戏是让学生向全班同学分享他们擅长的一项技能。老师先做示范，需要着重指出的是，这可以是任何技能，从擅长制作三明治到出色的书法，从有运动细胞，到玩电子游戏。这项活动鼓励孩子们开始思考自己的优秀品质。在听其他人表达时，他们可能也会想，"我也擅长这个"。他们可以开始憧憬未来并确定他们将拥有的相关技能。将这些内容张贴在公告板或白板上并留在教室里，可以让学生更多地了解他们的同学并发现共同的兴趣爱好。

最受学生欢迎的一个游戏是，让每个人呈现两个大家不知道的关于自己的信息——一个是假的，另一个是真的——然后让全班同学猜哪一个信息是真的。如果学生人数很多，你可以每次选择5～10名学生，然后每天都进行，直到所有人都被轮到。这让每个孩子都有时间分享一些有趣的东西，从而建立良好的关系，并在他们的外在表现之外探索出更多内在的东西。同时，这还可以帮助学生更习惯于在公共场合发言。更重要的是，他们喜欢这项活动，为了不错过这项活动，他们确保来准时上课。

医学博士温迪·特纳（Wendy Turner）是一名二年级的老师，他在一个关于教育的博客频道中分享了这样一种方法：让学生从教室门口的篮子里选择一个彩色橡胶手环，用不同颜色的手环而不是语言来表达自己当天的感受。红色代表感觉不好；黄色代表感觉马马虎虎；绿色意味着感觉不错。这个游戏同时适用于初中生和高中生。也可以在一周里某个特定的日子进行，如周一或周五。这为一个人表达内心的感受提供了一种直观的途径，而这些内心感受他人可能很难知道。当然，你也要记住让他们在走出教室时把手环放回篮子里。

正念是最基础的应用技术，因为它专注于呼吸和对压力的生理反应，促使人们更多地采取深思熟虑的行动。正念活动有很多种类型，有动态的，也有静态的，它可以帮助你和你的学生管理压力和焦虑，你无需成为一位大师，只需要花两到三分钟做一个练习。一开始，大家可能会有些抵触，但最终你的学生会盼望这些练习。下面是一些例子。

- 箱式呼吸：让学生先吸气四秒，然后屏住呼吸四秒，最后用四秒呼气。如此重复四次。类似的三段式呼吸法、交替鼻孔呼吸及最简单的深呼吸，都可以带来变化。

- 猜包裹练习：将各种类型的物件放入一个包裹，确保物件的质地和形状都不一样，让学生轮流传递这个包裹，并通过触碰来感觉和猜测包裹中的物件是什么，然后描述自己的体会和感受。

- 声音游戏：绕房间走动并发出有趣的声音，让一个人模仿这个声音并发出新的声音以让下一个人模仿，依此类推。这个练习可以训练学生的注意力、吸引那些过度活跃的学生。

- 机器人和布娃娃：这个小练习可以让学生注意到他们何时紧张、何时放松，在考试前或在学生感到紧张的时候尤其管用。让学生们像机器人一样收紧全身肌肉，从腿开始，一直到大腿根部（这总会引起笑声）、躯干、手臂、手、肩膀和脸，保持几秒后像一个布娃娃那样完全放松。如果他们的肩膀向上且朝耳朵的方向耸起，就证明他们的肩膀并没有放松下来。鼓励孩子们稍微扭动一下，确保他们的身体是放松的。多做几次之后用一次深呼吸来结束这个练习。通过这个练习，任何被压抑的焦虑情绪都有机会得到缓解。

| 加强保护因素的创造性活动 |

邀请与正念相关的客座讲师，将正念活动引入课堂，也可以将社会情感学习融入教学，老师帮助学生建立令他们终身受益的情绪管理工具箱。学生可以学会如何用一些简单的暂停技术或呼吸练习来触发他们的副交感神经系统的反应，这样能即刻减轻他们的压力和焦虑感。

本节重点介绍通过各种方式让学生学会表达自己的情绪，通过建立联系、产生共鸣等方式来解决困难。上面所列出的方法不一定适用于每名学生，你可以根据所在学校文化和学生的特点进行调整。

以下活动是利·里斯科提出的。

主题活动建议

我在西班牙语中级班课堂上布置了一项类似"亲爱的艾比"的作业，学生有足够的词汇量完成这项作业。起初我告诉学生，即使是编造一个令自己困扰的问题来完成这项作业也可以。但现在我问他们"你们中有多少人正被生活中的压力所困扰"时，所有人都举起了手。我让他们选择一个正在与之纠缠或已经克服的问题并写出来，我向他们保证所有人都可以匿名，所写的内容都会被保密。他们大部分都用西班牙语写出了他们遇到的问题，并且尽可能详细地列出了他们曾尝试过但未生效的解决办法。我会在每一份作业上面做一个标记，这样方便我把收集到的建议反馈给他们。接下来，我在教室里传阅这些内容，学生可以在后面写上他们的建议。

利·里斯科

利·里斯科说，孩子们提交的作业质量越来越高，因为有越来越多的范例供孩子们参考，其中一些观点还融合了学校社会工作者的想法。他们在西班牙语课堂上的另一项作业是制作一部以社会正义为主题的电影。

社会正义主题电影

学生创作的作品可以是各种风格：恐怖、搞笑、动画、纪录片等。学生们在这个项目上投入了大量的时间，包括技术的学习、剧本的编写、表演、协作和编辑，制作出了一部部聚焦社会公平正义且非常有思想内涵的电影。利说，学生们的电影真的涵盖了很多重要的相关议题。在制作过程中，对以前知之甚少的一些议题学生收获了很多知识，如年龄歧视、贫困、心理健康、性别认同、种族歧视、环保、校园犯罪、动物虐待等。

总之，这个练习过程包含了多个层面的学习，其中一点就是提升了他们对那些之前一无所知的议题的认知。

希望与关怀视频

利所在学校的老师们为学生们拍摄了一段视频，重点是让他们知道，老师们陪伴着他们并且随时准备倾听他们的诉说。视频中的学生、管理人员、校医和老师从暗处走出来说："我愿意听你说，我在乎你，你很重要。"然后把这段视频分享给学生，培养一种相互联系的文化氛围。

以下创意活动来自马萨诸塞州戴德姆格里诺贵族学校的希拉·麦克尔韦（Sheila McElwee），她是一位化学老师。

这是一位老师预录制的内容，他说，"我很喜欢与孩子们单独在一起，但同时我也喜欢教室里的群体氛围。我喜欢这种状态，如果你有机会观察孩子们在一起时天然的互动过程，你真的就有可能帮助他们——观察他们自然的情感表露，而不是在咨询中心向心理咨询师汇报一样。我想我更喜欢成为一名熟练的青少年观察者，并且在我认为重要的时刻给予恰当的引导。"

希拉·麦克尔韦

希拉在成为老师之前曾一度想当一名心理治疗师，但她热爱教室里的团体氛围，最后还是选择成为一名老师。她经历过多次毁灭性的打击。2016 年，她的一名学生自杀了，这段时间对希拉来说特别艰难，因为这是一个很小的班级，班级成员之间联系非常紧密。尽管她是一名化学老师，但是她采取了许多情绪管理技术来鼓励学生分享和敞开心声，包括各种破冰游戏和心理健康测试，希望学生可以在课程开始前把他们的情绪发泄出来。

周一心理健康日

每周一开始上课前，希拉都会开展名为"周一心理健康日"的活动。在特殊时期，学生被鼓励在家参加线上课程，每个人都在与隔离和孤独作斗争时，此时这项"周一心理健康日"活动就变得尤为重要。在这项活动中，希拉让孩子们对心理状态和感受进行自评，5 分表示最好，0 分表示最差。

孩子们会说，"嗯，我是 2 分，你知道吗，在这个周末，我们被告知祖母只剩下一周半的时间了。"或者"我是 2 分，因为现在我看不到希望，什么都做不好。"这项活动为学生提供了打开他们生活情感的一扇窗户。如果有人给自己的情绪打 1 分或 2 分，他们会立刻得到很多非常真诚的关爱。这项活动鼓励了公开谈论不好的事情，认为这是值得赞许的。这项活动也打开了我和那些有些脆弱的学生之间的沟通渠道。对我自己的事我也非常坦诚，我有一个患有精神疾病的哥哥，我的女儿也被确诊有精神方面的疾病。尽管我的女儿患有惊恐障碍，并伴有焦虑和抑郁等问题，但是她的成绩斐然，通过对孤独症的研究获得了硕士学位。作为一个社会人，我们开放地谈论这些，我们并非不感到羞耻，但是我们有责任和这些孩子们共同面对这一点。

希拉·麦克尔韦

希拉所在的班级是小班制，大约有 10 ~ 15 个孩子，进行这项活动大约需要 10 分钟。大多数孩子会说他们是 3 分或 4 分，很少有人说 5 分。在她的课堂上，如果有人是 3 分，他们会解释为什么不是 4 分。他们很可能会说，他们的英语论文被卡住了，所以给自己的心情打 3 分，或者对父母的新规定不满或没有通过某项技能认证。这是一个重新了解学生不为人知的一面的机会，如某名学生有两个妈妈。这也是学生彼此之间不带评判地交流和加深彼此了解的机会。希拉努力为学生们创造一个安全的空间，并为这些活动制定了指导方案，这是建立紧密关系的重要组成部分。

希拉分享了这样一件事，一个女孩因为没有收到参加校园舞会的邀约而感到失落。这时，旁边的一个男孩忙回应：他不知道女孩还没有被邀约，原以为她已经和其他人约好了，既然这样，那他非常愿意邀约这个女孩。而这个女孩也回复愿意和他一起参加舞会。虽然在完成化学课程教学的同时做这些事情似乎有悖常理，对一些教育工作者来说，这也似乎违背了教学目标。但希拉发现，如果她在课堂开始时给学生一个发泄和分享的机会，随后他们会在课堂上更专注。其实这很好理解，如果学生们在上课的时候满脑子都想着别的事情，那就很难专注于学习。因此希拉经常带学生们做这些练习，学生们不觉得这是一个难熬的时段，相反，他们希望能多持续几分钟，一般情况下，他们有很多机会和其他人分享。这些分享都是自愿的，即使是安静的学生，也允许他们按照自己的节奏参与这项活动。如果学生较多，也可以在周一进行登记，然后在下一次课堂上进行分享。

联结 / 排斥

在课程结束前 5 分钟，希拉会进行一项联结 / 排斥的活动。这为学生提供了这样一个机会，即让他们专注于自己与他人自然地联结，识别出感到被包容和被接纳的时刻，以及有些时候会感到被排斥与隔离。此时，学生自愿选择是否分享他们的感受，而不是每个人必须分享。这项活动帮助学生们了解他们对自己及他人的感知。通常，青少年会将自己与他人进行比较，他们对同龄人的真实生活通常有一种不太真实的评判，再加上社交媒体常展现他人精彩纷呈的高光时刻，这更加剧了这种不正确的认知。学生往往倾向于高估其他人生活中享受到的乐趣，认为其他人的生活如同田园诗一般美好，其实他们并不了解其他人的真实感受其实与他们一样。这项练习可以破除他们的这些误解。

当有人表达自己有被隔离和被排斥的感受时，同学们会加入进来，给他们以支持。对他们来说，了解他人的感受是一个全新的体验。希拉指出了多年来她注意到的一个有趣的模式，即当女生表达想要进行联结 / 排斥活动时，她们几乎总是从一个自己感觉被排斥的例子开始。相反，当男生开始这项活动时，他们几乎总是习惯性地先分享一段被接纳的关系或时刻。希拉尽可能地抽时间进行这项活动，因为学生们总是渴望分享他们的经历。

希望与担忧

新年伊始，学生们给希拉写了一封信，谈论了关于自己的学习方式。她为学生提供指导意见，并要求他们分享一件他们在老师的帮助下克服困难的事。她想知道他们在面临这个挑战时采取的对策，他们在学习方面和个人议题方面的期望，以及他们对下一学年是否担忧。学生们把他们的信件上传到网上，希拉会给每一个人写回信，内容包括她打算如何与他们一起面对恐惧和讨论他们的目标是什么。这些内容全部都是保密的。等她和学生见面时，她会与学生一对一地回顾信中的内容，并评估学生是否感受到自己已经取得的进步。

在课堂上，她还以"希望与担忧"这种活动形式引发学生对当前热点事件的讨论，无论关于政治动荡还是关于某个运动队能否赢得下一场比赛。他们有很多美好的希望，诸如在即将进行的体育赛事中取得好成绩、期待父亲的癌症活检有好的结果等。诸如此类的美好愿望是希拉了解孩子们的一个窗口，她可以从中了解孩子们正在经历什么，以及他们是如何处理这些事情的。此时，她通过提问的方式来引导这些孩子，其他同学也会思考当他们在面对类似的事件时，应该如何处理，如何面对恐惧、应对焦虑及解决问题。

以下创意活动来自弗吉尼亚州亨利科市波卡洪塔斯中学的健康和体育老师塔米·奥佐林女士。

有一年，我发表了一篇关于 T 恤衫文化的文章，我提议在 T 恤衫上写一些积极的话语进行自我表达，因为我认为自我形象对学生们来说非常重要，尤其在中学生中。甚至可以毫不夸张地说，他们最重要的事情就是是否被他人喜欢。

塔米·奥佐林

塔米·奥佐林也被学生们称为奥佐女士，非常幸运的是，奥佐林和学生关于心理健康主题的公开谈论得到了校长和同事们的全力支持。在关于心理健康方面的课程上，奥佐林结合自身的经历，讲述如何增强情绪调节能力及如何培养恢复身心的能力，而这一切又是如何成就了现在的自己。她从来不会让学生感觉到这门课程是在进行心理治疗，或者只有感到绝望的学生才来上这门课，奥佐林的心理健康课程是从一项匿名调查开始的，这帮助她了解学生的心理健康状况（见第十二章"学生心理健康状况调查"）。她的问卷调查包含以下基本问题。

请回答是或否

1. 你在考试或小测验的时候会感到紧张吗？

2. 和陌生人会面或身处新的环境会让你感到焦虑吗？

3. 你知道悲伤和抑郁的区别吗？

4. 你知道"耻辱"意味着什么吗？

5. 你身边有患精神疾病的人吗？

她会收集所有问卷并仔细阅读这些匿名问卷。问卷结果表明，大部分学生都有过焦虑的体验，很多学生和患精神疾病的人共同生活过，或者认识一些精神疾病患者。看到这些结果后，她决定开设心理健康方面的教育和培训，开始进行相关课题的公开讨论。她的这一行为也得到了很多人的支持。其中的一些谈论是非常有意义的，一些学生直言不讳地表达了自己的焦虑，而有些学生则分享了他们是如何应对抑郁的。

学生心理健康状况调查报告

为了让学生制作心理健康调查报告，奥佐林根据八年级学生的心智成熟程度，将学生分成若干小组，让他们创建一个关于心理健康的主题演讲和展示。以下是供学生选择的心理健康状况或发育障碍的列表清单。

- 注意缺陷／多动障碍
- 焦虑障碍
- 孤独症谱系障碍
- 抑郁障碍
- 创伤后应激障碍
- 强迫障碍
- 恐怖症（如幽闭恐怖症）
- 双相障碍（限八年级）
- 神经性厌食症（限八年级）
- 贪食症（限八年级）
- 暴饮暴食（限八年级）

学生心理健康调查展示

展示步骤

- 你可以和 1～2 名伙伴合作，但团队人数不得超过 3 人
- 在提供的列表清单中选择一个主题
- 按照下面 11 项详细说明准备展示的主题
- 将说明中的内容整合在一份幻灯片中
- 将你的幻灯片文件上传到网上，并提交链接

展示项目说明

（调查研究引用的资料需来源可靠，禁止抄袭，用你自己的话重新组织表达。）

1. 症状命名

2. 症状的详细说明

3. 身体症状 / 对身体产生的影响

4. 每年被诊断患有这种疾病的青少年的百分比

5. 诊断标准

6. 由谁来诊断

7. 现有的治疗方法

8. 青少年如何获得帮助

9. 列出有关该症状的 3 个误解

10. 列出有关该症状的 3 个真相

11. 朋友 / 家人可以通过什么方式来支持患者

当奥佐林在学生之间来回走动时，她可以听到学生分享自己所面临的挑战。例如，"我就有这种症状""我就是这么干的或我就是这样和医生合作的""我有时也会有这种感受"，等等。这个项目不仅具有教育意义，还可以让学生分享他们如何管理和应对自己的情绪问题。

对学生说"你并不孤单",与带领学生进行一项活动并让他们切实感受到并非"只有我一个人"是完全不同的。我们的目标是后者——为学生提供机会,让他们在一个安全的空间里探索,感受与彼此的联结、归属感,体验被他人倾听的感受。

播客

为了进一步深化在心理健康主题活动中所学的概念,奥佐林还要求学生们制作一个 2 ～ 3 分钟的播客。在她参与这项活动的第一年,她就和另一位教育工作者制作了一个播客范例。她介绍了相关内容并展示了这个范例,让孩子们知道最终成品应该是什么样的。在项目结束后,一些播客经过审查被选中在早间公告中播放或被分享在学校网站上。

播客指导及要求

作为心理健康宣传月活动的一部分,你需要制作一个播客,向观众展示你们团队所选择的心理疾病主题的相关内容。

- 大胆且有创意
- 播客需要以问答形式展开
- 播客需要有某种形式的介绍
- 播客长度在 2 ～ 3 分钟
- 创建一个脚本
- 播客必须向听众传授疾病的相关知识,包括症状、治疗方法、家人如何提供帮助(使用幻灯片来演示脚本)
- 播客的两位参与者都必须发言
- 文件以 .mp3 的形式导出并提交

| 兴趣小组 |

兴趣小组是同学们围绕共同的兴趣或目标形成的小组，具有相似背景、兴趣或经历的人聚集在一起，可以在学校环境中产生强大的影响。老师、班主任和学生多次提到兴趣小组是帮助许多学生走出黑暗时刻的关键因素。你可以把它当作一个学校赞助的支持性团体。这些小组与心理健康组织的不同之处在于，兴趣小组会围绕某个更具体的议题或目标开展活动，并且可以围绕任何主题成立。通常，心理健康组织的所有成员都会签署保密协议，但针对兴趣小组，我们只对那些受到特别关注的小组（如性少数群体、性虐待受害者、精神疾病学生、残疾学生或身体形象不佳者）进行保密。这些小组有时还需要一名成年顾问，如果人手不足，可以选择社区服务人员作为顾问。永远不要低估那些因遭受了各种创伤（如家庭成员自杀、精神疾病或药物滥用等）而生活受到影响的父母和社区成员的数量，以及他们希望以更积极的方式生活的热情。

| 由学生主导的心理健康团体 |

在我读大二那年，有一名学生自杀了，这也是我和米凯拉（Michaela）在学校成立心理健康团体的催化剂。到我们毕业时，这个团体与成立之初的情形已经发生了很大的变化，很多学生愿意参与进来，越来越多的学生讨论心理健康相关的话题。

德斯蒙德·赫茨菲尔德（Desmond Herzfeld）

学生心理健康团体创始人

最近几年，学生们越来越关注心理健康问题，正如其中一名学生所说，他们已经"受够了葬礼"。他们也厌倦了由成年人来主导这个话题，因为他们目前正在承受这种痛苦，也见证过同龄人的痛苦挣扎，许多学生决定不再沉默。因此，他们正在用实际行动来渡过这个难关。当这些学生开始参与讨论，并满怀激情地关注这件事的时候，将会产生巨大的连锁反应，这意味着这群年轻人将开始影响他们周围的人，包括他们的父母在内的成年人也会受到影响，使这些成年人也开始重视学生的心理健康问题。

我们在垃圾回收利用的行动中也看到了同样的现象。虽然这项运动始于 20 世纪 70 年代，但直到 20 世纪 90 年代学生们受到环保运动的教育以后才初有成效。那些在学校里接受过环保教育的孩子们回到家会阻止父母扔掉可以回收的物品。因为孩子们会"诱导"父母进行垃圾分类，经过一段时间，父母就会养成新的生活习惯。到 2000 年，垃圾分类已成为大多数家庭的常态，其中一个非常重要的原因是年轻人在学校了解了保护环境的重要性。

不论在学校里和还是在政策执行过程中，学生群体都更有说服力。由于学生们的努力，许多学校都开展了美国预防自杀基金会的"走出至暗时刻"活动。在校园里，学生的努力有了成年人的参与与支持，这可以帮助学校领导者逐渐接受这个话题并认识到它的重要性。

心理健康团体在学生领袖和赞助者的指导下运作，赞助者通常是学校心理咨询团队成员、倡导的老师，这一举动也得到了国家和地区非营利组织及家长们的支持。

德斯蒙德·赫茨费尔德在一名校友自杀后不久，和他的同学米凯拉决定为马萨诸塞州戴德姆镇的格里诺贵族学校的学生成立一个名为"贵族智慧"的心理健康团体。德斯蒙德记得自己中学时的经历，并在学校集会上分享了这些经历。而奥罗拉·伍尔夫（Aurora Wulff）受表姐自杀事件及自身内心痛苦挣扎的影响，在纽约北部的伊萨卡高中成立了一个名为"乐思"的心理健康团体。这些团体的目的是开启与心理健康相关的探讨，团体需要的预算很少或根本不需要预算。如果单靠教育部门来推动宣传教育心理健康意识和预防自杀这件事，会进展得非常缓慢，但这些学生却能够快速地支持他们的同龄人。学生们主导的活动往往非常有效，因为年轻人之间有更多的机会来倾听彼此。

众所周知，心理健康问题会影响学生的精力、注意力、自信心、情绪管理能力及世界观和行为表现。研究表明，未治愈的抑郁症患者的平均学业成绩要比他们被治愈后的低一些，如果抑郁和焦虑同时发生，那这种关联会更加明显。尽管没有确切的数据证明心理健康团体在改善个体学业表现或个人表现方面的具体效果，但相关证据表明它确实有用，因为对青少年来说，同伴关系在他们的生活中至关重要。

学生心理健康团体的目标是对学生进行心理健康教育、提高心理健康相关的意识、减少对心理疾病的羞耻感、招募和接收有志于参与此项活动的学生。这些团体能够促进包容和联结，使交流和讨论这个话题变得正常化。团体中主要的活动通常包括心理健康小组和公开演讲，或者仅仅是聚在一起搞一些有趣的活动。

心理健康团体的主题包括以下内容。

- 信息共享
- 减少耻辱感
- 社会支持
- 尊重
- 健康习惯
- 应对技能
- 健康心态
- 逆境中的正念
- 共情

很多团体都是由一名赞助者发起的，通常是老师或班主任，他们聚集在一起，收集各种创意和想法，从零开始制订计划（有些非营利组织为这些团体制定了议程，这将在本节后面提到），目标是通过提供社会支持、应对技能和专业支持，将高风险行为（如自杀、药物滥用、自伤等）的危害性降至最低。

前文提到，如"贵族智慧""乐思"等团体都是围绕心理健康这个主题，它们与学校咨询团队、相关管理部门、合伙人及非营利组织展开全面合作。参与团体创办的学生的领导能力也能得到了培养，在申请大学时，这成为他们的加分项。由于自杀是美国大学校园内学生死亡的第二大原因，因此当申请者在相关领域展现出非凡的领导能力时，就非常有可能吸引招生老师的注意，他们正在寻找能够在大学校园开展心理健康活动的学生。对没有考虑上大学的学生来说，他们从领导或参加团体活动的过程中所学到的经验也会非常受用，这都将为他们进入人生的下一个阶段积攒宝贵的经验。

学生心理健康团体活动的方案和建议

这些建议可以包括简单的破冰游戏、诗歌朗诵、心理健康主题演讲、讲述个人故事、图书馆活动、海报宣传、广告推广等。通常每个月都有一个专门的主题，如9月是预防自杀月和康复月、5月是心理健康宣传月。每年都需要按月规划和准备各项活动，包括活动所需的相关材料、成本和志愿者人数等都需要提前确定。

每年，美国各大城市都有"走出至暗时刻"的徒步活动，在各地自杀预防基金会的指导下，无论线上的"云徒步"还是线下的真实徒步活动，都可以得到相应的支持。各个学校也可以自行组织，以此来支持此项活动。通常，提供心理健康宣传资源的学校组织会搭好宣传平台，播放简短视频，然后开始徒步。2010年，美国自杀预防基金会发起的校园徒步活动在全美的高中和大学引发了一场前所未有的轰动，学生们开始就这个重要话题发出自己的声音。这意味着学生和教育工作者通过共同的努力有能力驱散抑郁和焦虑带给校园的阴霾，消除人们对精神疾病相关的误解，挽救生命。活动主办方也有相应的工具包、宣传材料和各种模板供活动组织者使用。

"贵族智慧"心理健康团体

德斯蒙德和朋友米凯拉创造"贵族智慧"心理健康团体的起因是为了给同学们处理他们的悲伤提供一个安全的空间,因为他们经历了一名大二学生自杀。然后这个团体逐渐演变为一个心理健康团体。

德斯蒙德和米凯拉将团体活动分为以下几类。

- 教育方面,如和小组成员讨论一部关于抑郁症的电影。
- 同龄人支援活动,如 11 月将举行男性心理健康的活动——有毒的阳刚之气——为什么对男性来说谈论心理健康问题是一件难以启齿的事。到时会为前 10 名最先站出来发言的同学颁发奖品。
- 趣味聚会活动,旨在将人们聚集在一起、促进归属感、加强彼此之间的联结,并提升大家对团体的认知度。
- 减压和社交活动,包括写感恩日记,将鼓舞人心的话涂鸦在石头上并把它们放在校园里。

鱼缸游戏

鱼缸游戏是珍妮弗在学校开展的一项非常有影响力的活动,游戏需要大约 10 名学生参与,学生们站在内圈,老师站在外圈,两组人都面朝内,在整个游戏过程中,老师们可以看到前面学生的后背,但不允许说话。学生们会预先准备好一张纸条并在上面写上一些话,然后折叠起来放在中间的鱼缸里。接下来,由一名学生代表从鱼缸里拿出一张纸条,递给其中一名学生,这名学生会读出纸条上的话并发表看法(见图 7-1)。

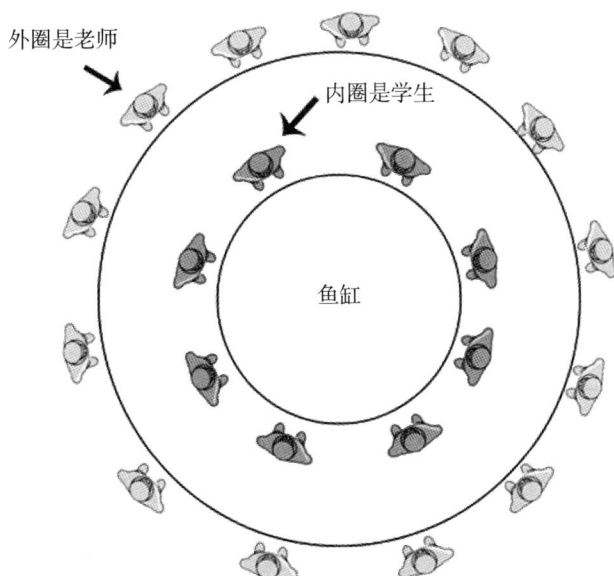

图 7-1　鱼缸游戏

下面是他们写的一些共同话题，这些话题也可以采用问句的形式来呈现。

- 我希望我的父母理解我……
- 我希望我的老师能理解我生活中的……
- 当我心情低落时，我会做……
- 让我提心吊胆、非常担心的事情是……
- 对我的人生产生重大影响的一个成年人是……
- 当我恐惧时，能够让我平静下来的是……
- 我曾经做过的最勇敢的事情是……
- 如果不考虑经济条件的限制，我会做……
- 我有一项特殊的天赋是……

学生们逐渐敞开心扉地谈论这些话题。尽管老师保持沉默，但是他们可以更好地倾听并理解学生。

如果一个班级里有 30 名学生，那么可以让 10 名学生在内圈、20 名学生在外圈。内圈的 10 名学生从鱼缸中抽签并发言，而外圈的学生则只能倾听。那么在这个班级里，需要 3 节课的时间才能让所有的学生都能进入"核心圈子"并获得发言的机会。

石画

收集一些能用来书写和作画的石头。让学生在上面写上诸如"你并不孤单""相信自己"或其他鼓舞人心的语句，或者不写文字，只画一些美丽的图画也可以。然后你可以把它们放在校园里的某个地方，让学生们去寻宝。听学生讲述自己是如何发现这些石头及他们和石头的事件，这会非常有趣。有人说，他会把找到的石头一直都放在背包里，每当抚摸或握着它们的时候，就像在每一个阴沉的日子里握住了希望。

去初中访问

一群高中生向初中生讲述自己的故事：他们曾经觉得自己是世界上唯一不够聪明、不够强壮、不擅长运动、不够漂亮或不够有天赋的人，他们分享了自己无数次的失败或自认为的失败经历。这些事件往往既尴尬又好笑，但重要的是大家不再认为自己的失败经历是一件不可告人的事。他们还会进行小组讨论，每个小组由若干名初中生和一名高中生组成，在没有老师在场的情况下，高中生向比他们年龄更小一些的人分享自己曾经的恐惧和担忧。初中生则非常感激并尊敬这些高中生，很愿意倾听并参与其中。

"一个都不能少"俱乐部

位于弗吉尼亚州亨利科市戈德温高中的"一个都不能少"俱乐部致力于传播善良，所有的活动都围绕这一核心主题展开。活动目标是遏制校园霸凌，赋予学生蓬勃发展的活力。2019 年 9 月开学的时候，戈德温高中的"一个都不能少"俱乐部成员制作了可以贴在笔记本、背包、计算机上的贴纸，贴纸上写着"我们可以坐在一起"。新生第一天入学可能会感到紧张，他们在上课或就餐时不知道该坐在哪里，如果他们看到一片星罗棋布的贴纸海洋，就表明那里的同学非常欢迎他们加入，他们就会有一种自己被欢迎和接纳的感觉。

他们还制作了一个题为"各取所需"的公告板，上面贴满了写着积极话语的便利贴，学生可以选择自己喜欢的并带走。例如，其中有些话是这样的："你很重要""你是值得被爱的、被认可的""你还有我呢""保持微笑吧"，等等。接下来他们还用粉笔在学校道路两旁，也就是学生到校的必经之路写上类似的标语。

"乐思"心理健康团体

奥罗拉·伍尔夫是纽约北部伊萨卡高中"乐思"心理健康团体的创始人，他说他们举办的最令人难忘的活动是由团体成员讲述个人故事。在学校的"社会正义周"期间，多个团体和社区会联合举办一些集会活动，于是他们决定开展这项讲述个人故事的活动。学生可以获得老师的批准离开校园去参加这些特色集会。在集会上，"乐思"心理健康团体的活动吸引了大约 200 多位听众。围绕焦虑问题到饮食失调问题，团体成员给学生分享他们从未听过的故事，内容围绕苦难、治愈、希望和寻求帮助进行。随后，他们与学校的另一个团体及一个社区非营利组织合作，成功举办了一场关于身体形象的讨论会。讨论会由简短的演讲开场，随后就是小组讨论，这场活动吸引了很多人。

该团体在每周三第一堂课正式开始之前，可以使用赞助老师的教室进行交流，学生可以在这里和团体成员交谈，得到团体成员的投入倾听和情感支持。50 分钟的面谈通常从一些小游戏或破冰活动开始，然后进入一对一交流，如果参与者希望有更多时间进行交流，小游戏环节也可以取消。团体成员曾担心没有人来参加这项活动，但实际上，学生的参与度一直非常高，可见他们需要这样的一个空间。

如果学校心理健康团体开展相关活动，最好有咨询团队成员、赞助者或受过心理健康或危机干预培训的成年志愿者，来协助参加或现场出席。"乐思"心理健康团体还会与图书馆和社区书店合作。他们与图书馆的管理员协商，使用图书馆的数字屏幕为即将举行的活动做宣传，并选择一些相关书籍进行展示。

团体的负责人和成员都担心大家对活动缺乏兴趣、无人参加。不过，尽管有一些活动吸引的参与者较少，但大多数活动都会出现人多到场地空间不够的情况。值得关注的是，新生刚入学时承受的压力较大，基础的心理健康教育能帮助他们更自信地应对过渡期。

宣讲、小组活动、视频和新闻的框架和指南

警告：不要在讲述自杀事件时描述具体的方法和细节。

许多学生心理健康团体会设立宣讲小组、制作视频，让那些经历了创伤、自杀幸存的学生参与其中，讲述他们通过抗争并找到了治愈之路的过程，这都能给演讲者和听众带来全新的体验。通常，这些是最有力的活动，可以激励人们开始谈论那些难以启齿的话题，激励那些受过创伤的人积极地寻求帮助。心理健康团体、赞助者、班主任、老师和负责人应该熟悉事件讲述的指导方针及与自杀相关的知识。

讲述故事时以学生的挣扎或艰难的日子开始，能够引发人们思考他们是如何渡过难关的——他们得到过什么帮助及寻求疗愈的策略是什么，最后演讲者会将希望留给观众。演讲者可以参考下面的故事讲述指南，在演讲前写下自己的故事（见第十二章"如何讲述你的故事"）。

故事讲述指南

讲述者在讲述自杀、尝试自杀或涉及相关主题时需要避免提及具体的细节，而应包括以下主题。

困难

你的故事

帮助

是什么帮助你走出危机

疗愈

你是如何疗愈自己的

希望

是什么给了你希望

恰当的信息传递框架是一个基于研究的有用资源，它概述在向公众传递自杀信息时要考虑的四个关键问题：应对策略、积极叙述、安全措施和指导方针。我们在下面其中 7 条中给了一些例子，我们的目的不是将所有的事件或事迹同质化，而是为了让你在心理健康团体活动中的视频、宣传、演示和新闻通讯等更有效。这个大纲可能会让人觉得有些繁乱，但它是围绕困难、帮助、治愈和希望进行的。

1. 应对策略包括计划和主要信息，使其尽可能有效。为了取得更好的效果，首先要确认你为什么要发布信息、你想发布信息给谁看、你希望他们在获得信息后做什么。

例如，你要给危机干预热线做一个宣传海报。

● 你为何要为学生提供资源。

● 你想把消息推送给"谁"，即那些正在经受内心挣扎且事态还没有变成危机状况的人。

● 你想要让他们"干什么"，鉴于活动目标就是让人们联系海报上的热线，因此需要把号码放在一个醒目的位置。

2. 安全措施指避免使用不安全或削弱预防措施的信息。

哪些内容不安全？风险增加与以下因素有关。

- 反复的、突出的或全覆盖式的新闻报道，铺天盖地的报道容易让人心神不定。
- 不能说的例子：飙升的自杀率震惊了整个学校。

关于自杀方法或地点的具体细节。

- 不能说的例子："震惊：学生在校园里自杀""×××危险，今年内的第六起自杀"。

将自杀描述成一种常见的或可接受的应对逆境的行为。

- 不能说的例子："学生被繁重的课业压垮自杀了"。

美化或者浪漫化自杀行为。

- 不能说的例子："跳水明星在自杀桥上取得最后的胜利"。

对自杀的解释过于简单化。

- 不能说的例子："学生因校园霸凌而自杀"。

内容中包含死者的私人信息。

- 不能说的例子："孤独和抑郁的安娜·琼斯留下了大量的自杀笔记"。

避免提及遗书的细节，避免在演讲中讲自我伤害、自杀或企图自杀的细节。

- 不能说的例子："我坐在那里，脖子上缠着皮带""我走进了浴室，浴缸里满是血""我把锋利的剃刀划过皮肤，当它流血时我感到兴奋"。

3. 积极叙述指确保这个事件的集体声音不论在行动上、解决方案、成功，还是可用资源方面都有"积极的促进意义"。但这并不意味要对学生们说，每个人都必须否认困难的感觉，总是"看到光明的一面"。

- 人们可以采取一些行动来阻止自杀行为。

- 预防工作。
- 治愈和康复不仅是可能的，而且是非常可能的。
- 有效的方法和服务是存在的。
- 总有机会获得救助。
- 例子："当我觉得无望时，那感觉真的是太糟糕了，但很高兴我走了出来，因为这些经历我现在感觉自己更强大了。""多亏我弟弟没有听我的，当时我要求他不要把我想死的想法告诉任何人，他却告诉了其他人，这就是为什么我今天还站在这里。""我联系了我最喜欢的老师，她介绍了咨询团队给我，这就是我康复的开始。"

讲述时机

虽然自杀幸存者的悲伤经历各不相同，但是到学校分享自己故事的最佳时机通常是悲剧发生两年以后。

对仍在苦痛中挣扎并想讲述自己故事的学生，需要有证据表明他们已经走出了最糟糕的状况并正在逐渐恢复。如果一名学生仍然处在一种非常愤怒或怨愤的情绪中，那他可能需要多一点的时间来处理自己的状况。

支持人员

活动现场需要配备一名专业的人员来提供支持。每一场关于自杀或精神疾病的讨论活动都应该有一到两名接受过培训的顾问、专业人员或社区安排的有经验的工作人员在场，以防学生需要支持。应在活动最开始就向大家介绍这些专业人员，如果他们是大家熟悉的面孔那就更好了。

可以让学生采访咨询团队。这些学生可以向其他学生分享他们的采访结果，以提高学生对学校可用资源的认识，让学生了解如何在校园内获得帮助。

推广资源。这是一个推广校园可用资源、教育和促使大家寻求帮助的机会。将印有支持资源热线的卡片，联合心理健康机构和非营利组织提供的信息，附以赠品（如橡胶手镯、别针、宣传册等）的形式分发出去。

使用恰当的语言

- 避免说"自杀"，可以用"结束了自己的生命""夺走了他的生命"等代替。
- 避免说"自杀成功"或"自杀不成功"。如果有人死了，那是自杀，但如果没有死，那就是自杀未遂，不需要修饰词。
- 避免说"完成自杀"。要么自杀，要么自杀未遂。
- 避免说"瘾君子"，可以用"药物上瘾者""药物使用障碍者"，对抑郁症患者的表述同样遵循这一原则。

故事指南

本指南可适用于包括自杀在内的个人故事，你可以按照下述要点描述。

- 讲述你是谁、做什么工作及一些关于自己的情况。
- 分享你的危机经历。在你获得所需的帮助之前发生了什么？想想你希望传达给听众的最重要的内容是什么？这一部分要简洁扼要。
- 分享是什么帮助了你。描述一下你是如何渡过危机及如何获得帮助、重燃希望的，或者还有什么对你有益或帮助了你。这一步非常重要，因为它表明了支持的价值，并向大家提供可获得的资源或行动。
- 分享你的康复经历。这段经历如何让你变得更好？什么样的支持帮助了你？分享你康复的经历及想给予他人的希望。
- 共享资源。每一场关于自杀或精神疾病的讨论都应该在最开始就分享资源并鼓励人们使用这些资源。可以用幻灯片播放，或者制作成卡片分发给观众，以鼓励人们寻求帮助的行为。

讲述完故事之后

- 做好其他人可能会向你讲述他们自己的故事的心理准备。
- 准备好资源信息或列出可用资源。
- 如果你感到不堪重负，请首先进行自我关怀或启用你的支持系统。

为心理健康团体拉赞助

举办学生心理健康活动的费用并不是很高，只需要少许资金来支付材料费和宣传成本。如果学校没有提供预算，学生可以通过筹集资金、申请补助或向当地非营利组织等求助。

本章及本书中有很多关于如何创建一个有益学生心理健康的基本环境的想法，这些想法能促进预防自杀的文化氛围的形成。如果这种方法不适合你的课堂，那就继续尝试另外一种。我们的目的是将你的教学风格转变为一种能够整合和帮助学生学会建立社会情感联结的模式。

我们有老师拿起了《学校 DBT 技能》（*DBT Skills in School*）一书说道："你知道吗，我打算在我的历史课上试一试，因为有几名学生很难完成日常任务，我有时也会吼他们。我知道这对孩子们和我自己都不好，对看到这一幕的其他同学也不好。"于是他们开始学习并教授这本书里的内容，将他们需要解决的问题及其他纪律问题得以攻克。其他老师会问我："你都是怎么做的？"我会从正念开始，在有冲动去做某件事和真正去做这件事之间有一段停顿时间，你可以有情绪或想去做某件事，但不会因为有这种想法就去做某件事。

詹姆斯·马扎

正如詹姆斯·马扎所说，你可以成为校园践行者之一。否则学校就成了一个工厂——将孩子放在传送带上，机械地学习数学、微积分、西班牙语，当他们完成这些课程时，却不知如何步入社会。这意味着他们不会互动、不会处理危机、无法在公共场合发言，或者无法争取自己所需。这会给他们带来人际关系方面的问题，而人际关系破裂是导致药物滥用和自杀等一系列其他问题的关键触发因素。在学校里也能学到如何处理人际关系，并且校园是为数不多的可以培养这种能力的地方，我们希望老师能培养学生在这方面的能力，并建立起能让他们铭记一生的信任关系。

第八章
学生说自己想自杀，老师该怎么做

"所以，现实的情况是学校真的成了他们谈论'自杀'的基地。"这就是为什么我们要努力创造一个让孩子们觉得安全的校园环境，在这里，学生们可以分享这些感受。去年，我走在走廊里看到了这样一张小贴纸，上面写着"想自杀吗？去杰西卡的办公室。"我想，"哇，这些孩子真的在互相倾诉。"

杰西卡·契克-戈德曼

老师可以通过几种方式与处于危机中的学生接触。某名学生可能会以一个笑话或一句随便的话来表达想死的愿望。他们可能会直言不讳、暗示，或者他们的朋友会因担心他们而替他们发声，抑或你可能会无意中听到有学生谈论他们在社交媒体上关注的内容。学生可能会一开始就告诉你他们面临的所有问题，这时你要保持高度警觉。一般来说，通常学生不会直接告诉你他们的危机，但他们写的作文和画的画作中会留下提示。它可能是文件夹上的涂鸦、被扔进垃圾桶里的一首诗或一场与早逝名人的痴迷而神秘的对话。

如果是一篇作文或一幅画，你可以把它交给学校的心理老师，并邀请这名学生进行访谈。具体应如何处理取决于你所在学校的规章制度。必须强调的是，一旦你发现类似的情况，需要马上报告，而不是等到下周再说。

无论你是从哪里听到的，无论它是通过何种方式传递的，因为这事关生死，所以所有关于自杀的讨论都必须被认真对待。想自杀的学生很少会这样说："我告诉你，你是我值得信任的成年人，我想在今晚 7 点父母出去玩时自杀。"如果想自杀的人总是这么直截了当地告诉他人自己要这么做就好了。然而在现实生活中，更糟的情况是，即使孩子们直接表明有自杀想法，也会被认为是随便说说而已。尽管想自杀的人的描述很隐晦，但他们往往认为自己的暗示就像闪烁的霓虹灯一样显而易见。但是，对一些不懂自杀暗示的人来说，即使是再显而易见的提示也是徒劳（见图 8-1）。

图 8-1

注：一些学生会在笔记本或课本的空白处描绘阴暗的想法。上图是一名 14 岁的少年描绘了自己溺水的画面，而当时她正在与自杀的念头搏斗。她的老师在垃圾桶里发现了这幅画，并通知了学校的咨询团队。

　　如果人们对我不够了解，即使我非常明确地说出我的想法，告诉人们会发生什么变化，他们也不会在意这件事，只会无缘无故地干涉我。

杰伊，一名十几岁的少年

并不是所有的学生在自杀之前都会说些什么，而是通过自己的行为向他人提供一些线索。如果你注意到一个人的情绪或行为出现了戏剧性的变化或令人担忧，理智会告诉你，"我需要多了解一些"。同时恐惧心理会试图说服你，"一切都很好，这只是青春期的焦虑"。这时，你可以与教这名学生的其他同事合作，看看他们是怎么想的，这样你就可以对学生有更深入的了解。如果你的担忧得到证实，这通常也会增加你前进的勇气，即使学生拒绝，你也需要给予干预。

我的一位同事曾和一名有过自伤行为的学生一起工作过，当时谈话持续了几个小时，大楼里几乎没有人了。这位同事做得很好，她给我发了条短信让我过去，因为她觉得如果让这名学生回家，可能存在安全隐患。因此，要始终确保有一个人和她待在一起，同事这样对这名学生说："我很关心你，所以我们需要找一名专业人士，或者我们需要让相关部门知道这件事。"你知道，这名学生对这件事感到有点不安，但她没有逃跑，知道我们是因为关心她才这样做的。

利·里斯科

你不需要去纠正一个人的自杀想法，而是要带着同理心倾听，与学生在一起，并帮助他或老师找到可以提供帮助并进行专业评估的人。本章提供了关于自杀学生可能有的想法，以及他们的思维是如何运作的，这样你就可以从共情和理解他们的角度与之进行对话。本章的目的是给那些受过训练和未受过训练的人一些谈话要点和指导，询问合适的问题，让工作能够向前推进。当这些人询问学生"你想自杀吗"，而学生回答"是"时，告诉他们应该如何回应。大多数情况下，这将是一次令人不舒服的谈话，如果你希望继续下去，也许你需要假定自己会有这种预期的感觉，因为你需要克服那种想要逃走的冲动，你会觉得自己真是多管闲事。你可能还会觉得自己没有资格和能力做这件事。但是你要记住这一点，哪怕是最有经验的自杀干预专家，在谈到有人放弃自己的生命时，也依然会感到恐惧。

我知道我必须开始学习更多的东西来教授心理学，而不仅仅是对它感兴趣。那时候（1983 年）我们没有互联网，所以我在《期刊文献读者指南》(*Reader's Guide to Periodical Literature*）中查找有关自杀的文章，因为我曾在上面看到过让我感兴趣的一小部分内容，上面写着"自杀"。那时候我对自杀一无所知。但我记得曾经和我住在同一间公寓里的一位先生，他曾试图自杀。所以这篇文章中写道，如果你是一名中学老师，当一个孩子跟你说他有自杀倾向时，你要认真对待他们，你不必试图成为西格蒙德·弗洛伊德那样的心理学家。但你可以得到心理学家的帮助。你知道，"借前人智慧，悟自己人生"这句话是有道理的。我在教授这门课程的时候，带领学生们复习黑板上的基本内容，将我的一些问题打印在讲义上。例如，遇到危机时你会怎么做，你向他人发出的预警信号是什么。我不得不承认，大多数家长都不高兴我这么做。一些管理人员也会说："你不可以谈论这个话题，否则会有更多的孩子这么做。"我说："听着，这是我们的必修课程，学校领导说我们必须这么做。所以在他们取消这门课程之前，我会一直这样做。"但我真实的想法是，这样做非常有必要，因为我没有看到孩子们死于自杀，他们只会因为那些人的评论而受伤。

因此当我在小课堂讲课时，并且在课结束前，我会告诉孩子们："如果你的朋友告诉你，他们会伤害自己或打算自杀，你不能发誓替他们保密。你得把这件事告诉别人，请你不要自责，是朋友就应该这样做。你必须告诉父母中的一人、一个值得信任的成年人，因为你知道必须这么做。"一周后的一个早晨，还不到8点的时候，一个我不认识的年轻女孩走进我的教室。她把一张纸条扔到我的桌子上，然后匆匆地走了。我打开了那张纸条。上面写的是她的闺蜜在笔记本上写要自杀。她打算喝完酒后开车去撞一座石桥，这样她的父母就不会想到他们的女儿死于自杀。你知道，这会被视为酒后驾车。现在的情况是，那个给我写纸条的女孩在午餐时从我班上的另一个女孩那里听说了我告诉他们的话。哇！她从我的课堂中得到的认识是，如果"有人告诉你他要自杀，那你必须做点事情来阻止"。所以那个我不认识的女孩给我写了纸条。因为我是她唯一能想到的人。我们有能力帮助那个想自杀的女孩。后来她没有自杀，尽管那天她对我非常生气，但愤怒会消退。她还活着，我现在还常常收到她的圣诞卡片。

肖恩·赖利

那些有自杀想法的人或周围有朋友想自杀的人，更容易关注到心理健康和自杀方面的信息，因为他们的脑子里一直都在想着"我该做点什么"。我们不能让孩子们独自承担这些压力。因为人们越在意自己的秘密，羞耻感、孤独感和不真实感就会越强烈，从而造成情绪困扰和精神痛苦。我们可以邀请他们通过不舒适的对话来分享这些秘密。你不可能总是解决他们的问题，但可以保持倾听，这可以帮助青少年在那样的内心冲突时刻感到被倾听。

| 孩子们希望倾诉 |

我们协议中的首要任务是倾听和共情。你要知道，如果有学生与你分享了他的自杀想法，理论上他们希望向你再多倾诉一些。因此，尽量让他们多说一些，从而获取更多信息。当然，务必找受过专业训练的人来处理这些问题。所以我们除了配备一名学校心理学家，还有不少社会工作者。

利·里斯科

如果我们身边没有人讨论这些话题，学生们可以通过网络寻找答案。我们需要就学生在学校遇到的问题进行对话，把可利用的资源通过合适的方式提供给他们。例如，在他们必经的大厅墙壁上、他们参与的线上讨论中、校园公告上、图书馆里、校园广播、社交媒体和学校网站上。除此以外，学生家长也需要了解与青少年谈论心理健康、应对焦虑、养育策略的技巧。

青少年通过上网，不论学校图书馆的计算机还是手机，都能查询到如何写遗书、如何告诉某个人他们正在考虑自杀、如何帮助正在伤害自己的朋友、抑郁症的迹象是什么，以及实施自杀的具体方法。这些可怕的内容确实存在。当他们无法面对面甚至无法通过消息向他人倾诉时，这些青少年就会通过网络在陌生人的帖子和视频下面留言或评论。在一个看似冷漠的世界里，如果他们看到许多评论都有回复、有人对他们发出的求救信号足够重视，那么他们会更愿意写下自己的感受。正如大多数创伤治疗专家所说，一个值得信任的成年人可以改善一个儿童的生命轨迹。

下面是在安妮·莫斯·罗杰斯上传到网络上的一段视频下面发现的几名青少年留下的评论。

无名小卒：我没有其他方法来结束痛苦，我厌倦了为他人的幸福而活着，我不相信任何人，他们的笑声让我更想去死，我一直在努力地屏蔽它们，可是我又忍不住查看我的手机，看是否有消息需要回复，好像我是个什么重要人物一样，我每天都假装微笑，其他人不会感受到我所遭受的痛苦，我是垃圾，一文不值，无人问津。我真的受不了了，这太痛苦了。

戏剧女王：别人都说我的生活很美好，这根本就是一个谎言。如果我说出来我想死的原因，他们会叫我戏剧女王。我感到非常尴尬，没有安全感，而且伤痕累累。我是家里的"怪胎"，据我所知，他们把我看作一个无用的胖子。我只是希望他们不要这样对我。我想逃离这个家庭、这个世界，再见。

亚历克西斯：我留下了一封遗书，但我现在不知道我是否应该这样做。请帮帮我。我是一个只有 11 岁的女孩。我住在北卡罗来纳州，在学校里经常被霸凌，从那时起我每天都割腕。我想活下去，但每天被霸凌让我很痛苦。我能做些什么呢？

（注意：亚历克西斯留下了她的真实名字，并在评论区留下了她所在学校的电子邮箱，这部分内容只有管理员才能查看。于是，安妮·莫斯给这所学校打了电话，告知他们这名学生有危险。）

我们经常会想，有自杀想法的人为什么不直接把痛苦和自杀想法告诉他人。然而实际情况是，尽管他们表达了明确的死亡意向的提示，但听到这些提示的人要么不知道这些提示的意义，要么不知道如何应对。在事后对那些自杀未遂的当事人进行采访时，他们都表示给出了明确的自杀暗示，可是他们的家人和重要他人都没有采取行动来阻止，在很多情况下，他们处于崩溃的状态。因为展开救助和解决问题的负担是如此沉重，以至于求救往往都以失败告终。在所有的研究中，当事人向重要他人明确的自杀暗示最常得到的回应是"几乎完全沉默——假装没听见"，接着是紧张、焦虑、逃避，在某些情况下甚至对当事人感到愤怒和攻击性指责。如果对待有自杀意图的人的常见回应是沉默、激惹、愤怒或拒绝，那么当事人使用回避性语言作为呼救信号是可以理解的。自杀者往往非常在乎他人对他们发出的自杀信号的反应。不被爱、被拒绝、看不起、被羞辱、让父母和亲人失望，以及其他负面反应，都是遭受痛苦的青少年不敢表达或不寻求帮助的原因。

以下内容来源于青少年在一个博客上的留言，以及他们在安妮·莫斯·罗杰斯写的文章"如何告诉父母你想自杀"下面的一些评论和呼救。这些都显示了建立一个沟通渠道是多么重要，通过这个渠道，学生们可以与学校取得联系。通过支持敏感话题的对话，那些处于危险中的学生可以直接表达。有时候，父母不是最好的倾诉对象。我们要认真对待孩子的生命安全，所以即使有的父母已经知道并参与其中，孩子依然需要告诉其他人。有时候，害怕父母的反应会成为孩子们向外寻求帮助的阻碍。

珍娜：嗨，我 13 岁了，我的脑海里一直有一个声音提示我，我应该自杀。我不是在开玩笑！我真的担心我会听从这个声音并真的自杀！我的父母不知道这件事。我担心如果他们知道了这件事会急得发疯。我的成绩不太好，这也让我很痛苦，同学们都嘲笑我什么都不及格，我惊慌失措地跑进卫生间，拿起笔，我开始划我的胳膊。我被自己吓坏了，我似乎失去了理智，在余下的一整天，我待在那里，动弹不得。请相信我！请相信我！请相信我！我把这件事告诉了一位老师，但我没有告诉他我伤害了自己。然后，老师告诉了我的父母，然而根本没有什么用，因为我不想让他们担心我。我还会经常梦到这样的场景，我从一个红色的高空中坠落，一个男人尖叫着要我自杀。我需要得到更多的帮助，我每天都提心吊胆。求求你，帮帮我！我不知道我还能忍受多久！

赞恩：我试图通过传递一些暗示给我的父母，来引起他们的注意：我在他们的电子设备上查找与自杀有关的话题，并试图在谈话中提及有关抑郁症的话题。我希望他们会注意到我研究和谈论的这些内容是不正常的，如果他们主动来问我，我将把所有的事情都告诉他们。

基姆：我一直在考虑自杀。我告诉过我的朋友，但他们再也不理我了。我不打算告诉我的父母，因为我担心他们会告诉他们的朋友，父母的朋友也会告诉我的朋友。因为父母的朋友是我朋友的父母。我不想让他们都知道。我又有点害怕真的自杀，与精神痛苦相比，我更担心身体上的疼痛。为了自杀，我唯一真正需要的就是一把菜刀。要是自杀不那么疼就好了，那样我就会直接刺穿自己的心脏。或者有办法让自己窒息而死吗？我真的很想死。有人能帮我吗？

下面的对话来自安妮·莫斯·罗杰斯所写的一篇文章的系列评论。亲子关系对学生的情绪疏导真是太重要了，但许多学生担心父母的反应，他们宁愿告诉学校里的某个人，也不愿意直接向父母诉说。下面这段对话表明了这名学生对他最喜欢的老师的信任。

迈克：我不知道该如何将这件事告诉我父母或其他人，我实际上是在查询怎样向我的父母说这件事的时候发现了这个网站。您觉得应该告诉我最喜欢的老师，让老师来联系我父母吗？我是觉得如果打电话向其他人说这件事，我会感到很不舒服。我家里还有一个弟弟，我不知道如果我告诉了他们，他们会有什么反应，我很害怕。请您联系我。我真的很担心。附言：我为您儿子的事情感到非常难过。

安妮·莫斯：把事情告诉老师这是一个非常棒的主意。让他们（老师）联系学校的心理老师，然后告知你的父母。也请你与你的老师分享这篇文章，让他非常明确地向你的父母描述"自杀"这个词。作为家长，我们很难意识到孩子的生活会如此糟糕，以至于我们的孩子甚至不想继续活下去。所以让别人告诉我们是很好的选择。这非常棒！

迈克：谢谢您的建议，我准备明天在休息时候告诉我的老师。您帮了我很多，可能超出了您的想象。我希望我不再被这些噩梦困扰。如果还有什么别的事，我还会告诉您，谢谢您！

安妮·莫斯：非常感谢你回来，也感谢你和我保持联系并让我知道你的情况。可能我真的不知道我在哪里帮助了你，但我真的很欣赏你。我还想让你知道，我会和其他人分享你的这个做法。真为你感到自豪。

迈克：非常感谢！我把我的想法告诉了他人，我得到了我需要的帮助。您真的救了我的命！

不同的文化和宗教团体对待自杀的态度有所不同。有些学生把自杀这件事告诉父母后，会发现他们的反应与自己的设想差别很大。这并不是因为父母对他们不好，而是因为父母真的很难想象自己孩子的情况会如此糟糕，甚至会自杀。客观来讲，当一个孩子真的说出自己想自杀时，认真对待并正确处理并不是一件容易的事。在某些文化中，如果孩子有自杀想法或已经尝试自杀，他们的家族会因此蒙羞。因此，家长在听到孩子想自杀时，第一反应是按照习俗惩罚和羞辱孩子。而这对本身就脆弱的青少年来说是非常危险的。当然，在有些情况下，家长并不是一定要告知的人，因为这可能会进一步危及孩子的健康，如家庭中存在对孩子家暴或性虐待的情况。

以下是青少年在告诉家长他们有自杀想法后，家长的真实反应。这再次证明了学校环境和安全协议对挽救孩子的重要性，学校是他们自由谈论自杀想法的安全空间，而安全协议可以帮助他们袒露内心的脆弱和敏感，并且以共情的方式进行回应。以下信息和评论来自一个博客，还有一部分来自对"如何告诉父母你想自杀"一文的回应。在很多情况下，虽然青少年告诉父母自己想自杀确实能得到他们所需要的帮助，但很多青少年却得到了自己不想要的回应。

- 告诉我妈妈只会让事情变得更糟。她会警告我"不要用那件事来威胁我"。
- 我真的很想告诉我妈妈，因为我们是关系最密切的人，但上次我告诉了她，她却生气地说自杀是懦夫才会干的事。
- 嗨！我 14 岁了，我想告诉我妈妈，但我知道她会把我送进精神病院。她会

转身责问我，"我对你不够好吗？我已经给了你一切！你这个愚蠢的女孩！"（她不接受我是男孩）

- 我妈妈说，"自杀是自私的。你需要坚强起来。"
- 我爸爸说，"你怎么会想到自杀？你什么都有，是一个多么幸运的孩子。"我告诉妈妈和妹妹，他们都说我是"戏精"。
- 我妈妈说我只是想引起她的注意。
- 当我告诉妈妈时，她说我总是只考虑自己。
- 我爸爸说我应该快乐。我该怎么办？

还有一些学生害怕告诉父母，也一直在纠结是否要告诉父母。在这种情况下，他们通常会放弃这一选择，然后去找敏感且值得信任的成年人并与之分享。

- 我害怕被人评判和指责。我能做什么？
- 我非常爱我的父母，我也不想告诉他们，不想让他们为我担忧，因为他们已经因为很多其他事情压力重重。
- 如果我告诉我的父母，他们会另眼看我。他们可能不再为我所取得成就感到骄傲。
- 我想自杀已经有一段时间了，父母认为我每次的哭泣都是假装的。
- 我有自杀的想法，但不知道如何告诉我妈妈。我很害怕，我为自己感到羞耻。
- 我15岁了，一直都很沮丧。我经常哭，但我没有告诉妈妈我有自杀的想法，尽管她知道我很沮丧，但仍然经常对我发脾气、吼我、骂我，还说我是她的累赘。

为了防止学生自杀，他们需要得到学校的支持，尤其是那些在家里得不到支持的学生，学校里的支持就显得尤为重要。首先是与他们进行充满信任和真诚的对话，交流如何表达这些想法，告诉他们有哪些资源可以使用，以及如果他们使用这些资源后会有什么样的变化。因为他们通常会不顾一切地想说出来，并且他们不知道接下来会发生什么，因而会感到非常害怕。老师和教育工作者应该接受专门的对话培训，学习如何获得关键信息，以及在这样的对话中应当说些什么。如果你不知道该怎么做，那就做一个感同身受的倾听者且不要给建议或说"你不要有太多的负担"，这非常重要（本章末尾有针对班主任和老师的具体应对步骤）。这种情况通常发生在教室里，并且学生与老师之间建立了良好的信任关系。就像之前迈克的情况一样，他不太愿意告诉家长，但他愿意将自己私密的、难过的经历告诉一位关系良好的老师。而那些接收到学生如此表达的教育工作者应当感到庆幸，因为他们已经获得了学生愿意袒露心声那种程度的信任。也正是因为这样，深入的内心联结让教育成为一个如此特殊的行业。尽管你不能向他们承诺在他们可能对自己或他人造成伤害的情况下也做到完全保密，但你可以保证会谨慎处理接下来发生的事情。你也可以表示愿意在这个过程中成为他们的一个支持性的伙伴。

创建或加强以学生为中心的学校文化，需要以学生福祉为中心的协作和领导。你一定也想这样做，否则你不会读这本书。我们采访的所有学校领导和老师都强调了沟通与合作的重要性。这需要学校领导、老师和其他管理人员之间的团队合作。

我们有这样一个制度，每个年级都配备一名年级主任，该年级主任了解该年级学生所有的学业、社会、情感和行为问题。年级主任每周都会与咨询团队会面。除此之外，我们还有一个学生生活团队。这是一张支持性的网络，相互关联且相互交织，我们在这里互相沟通，而它把所有的学生连接起来。

珍妮弗·汉密尔顿

珍妮弗讲了一个有特殊家庭背景的学生的事例。这名学生曾和她谈论过这个问题。清早，她收到了一封来自学校老师的电子邮件，邮件中提醒珍妮弗有名学生今天很难过。在这一天，她从三位老师那里听说了这个消息，他们都说这个孩子今天沉默寡言，因为平时他可不是这样。珍妮弗很快补充说，老师们并不是单纯地对孩子的学业表现展开评论，而是作为对学生整体状态有高度敏感性的合作者来观察孩子，这样他们就可以理解为什么有的学生未完成作业、有的学生不能在课堂上集中注意力了。

学校老师、社会工作者和心理学家经常会团体合作，以满足学生在心理健康方面的需求。大多数情况下，这一群体被看作为学生服务的健康团队。当然，这个小组也会与老师和其他工作人员进行沟通，以便创建一张相互配合的支持网络。你可能认为院长负责制对一所只有 600 人的学校来说是可行的，但对 3000 多人的学校来说几乎不可行。杰西卡·契克-戈德曼是曼哈顿高中的一名学校辅导员，也是该校唯一一名心理健康专业人员。她说，我们真的需要不断询问学生的心理健康问题，因为大多数学生或多或少地都会有一些小困惑，他们的情绪很不稳定。

当我还是一名年轻的临床医生时，我接诊了一名 16 岁的学生。那天我们在进行面谈，我们的谈话围绕着她最近被大学录取而展开。她非常兴奋，并告诉我她想学什么专业、她明年要做什么。尽管她曾被诊断患有孤独症，我们的那次谈话很平和，没有任何危险信号。但当天晚些时候，我正在一家机构工作的时候接到一个电话，说这名学生由于和孪生妹妹打架的原因，离开学校后自杀了。这太令人震惊了，明明早上我们还在谈论她的大学和未来。这些年来，我做过很多与丧失有关的工作，并且一直在努力。但当我是一名临床医生的时候，我就学到了这件事必须做，就是你真的需要问与自杀有关的问题。

杰西卡·契克-戈德曼

大多数咨询师报告说，他们会经常询问有关自杀的问题，学生们也会说他们正在垂死边缘或正在考虑自杀。有时候，他们也会关心一个处于这种情况的朋友。我们不能因为担心缺乏资源和有效应对的方案而不去询问这个问题，致使学生不得不沉浸在自杀的想法中。这意味着这样的对话是必须的，把教育和保护措施相结合以解决这个问题，同时将这些社会情感课程嵌入社会应对和生活技能的培养中。

你真的需要反复询问对方"你有自杀的想法吗"，因为大多数学生有过自杀念头。我还没有遇到过坚决地说"不，永远不会"的孩子。他们会说，"我考试不及格，我想死"，或者"我确实经常想到这一点"。因此，我们真的需要询问每个人。

杰西卡·契克-戈德曼

｜阻断自杀途径｜

嗯，我已经有了一个自杀计划。当我第一次实施这个计划时，我打算服用一些药物。那时我还不太确定我要吃什么药。我心里想，就服用那些曾服用过的药物吧。可是，当我从一家医院出来时，发现妈妈把家里所有的药物都锁起来了。我对自己说："好吧。也不错，我可以不用再服用那些药物了。"但我真的很想自杀。回到家，在我走出洗手间的一刹那，脑子里又闪现一个念头，"对了，我可以再找找，我一定能找到"。巧的是，我走进房间，发现里面仍然很多我之前服用的药，但是我妈妈没发现它们，于是我服用了它们。

一名自杀未遂的幸存者

如果一名学生承认自己有自杀的想法，并告诉老师其将如何采取行动，老师则应根据学校的具体情况和资源决定将这件事转告学校心理学家还是校医。因此，明确地说，老师可以和学生一起与心理老师交谈，老师可以陈述这些内容，让他们知道学生打算如何自杀，这样就可以移除这些自杀药物或工具，或者将这些自杀药物或工具保存好，以暂时阻断青少年的自杀途径。你可以当着学生的面向对方这样描述：

贾马尔告诉我，他很沮丧，他的父母因为要离婚而经常吵架，在这之前，他失去了他心爱的狗托比。他告诉我说，在晚上他经常有自杀的念头，接下来就是失眠。他说父亲卧室床边的抽屉里有一把枪，并计划用它自杀。我说得对吗，贾马尔？

让学生参与对话是为了消除他对老师们背后讨论他的事情的恐惧，并尽可能在对话过程中表现出尊重和公开的态度。谈话还包括移除或锁定其他可能致命的药物和化学品。如果一名青少年正在与强烈的自杀念头作斗争，他们会竭力寻找结束生命的方法，那么在寻找的过程中，那种强烈的、不可遏止的、一心想死的心理动力，可能会在搜寻的过程中逐渐降低以至消失。

在没有办法结束自己的生命时，自杀者就会在思考和行动之间留出更多时间，这样会降低自杀的概率，因为从有自杀想法到要采取行动只有几分钟的间隔。

| 说什么和做什么 |

我在某个州做演讲时候问学生们："在你们学校，你最想和谁聊天？他们可以是你们所认识的午餐服务员。可以是咨询师。无论是谁都可以。"答案却是教练员，我当时听到一些人大笑，他们的教练员没有在现场，但他通常会参加所有的演讲。他一般都会坐在后面。因为他是教练员，所以他比咨询老师的威胁小得多。这也是一直困扰着我的一个现实问题，尽管心理健康专家很重要，但他们往往不是孩子们想去见的人。

乔纳森·B. 辛格

与一名正在与自杀作斗争的学生交谈时，你可能会过度担心自己会说错话，担心与学生交谈后他会自杀，进而你会感到难辞其咎。但其实如果你压根不做任何干预，那么这个人自杀的可能性会更高。与处于痛苦中的人在一起时，不要试图通过提出建议或举例说明如何解决类似情况来解决问题，这是一个挑战。但这正是需要我们做的。很少有人觉得自己有能力说服一个想要自杀的人放弃自杀念头。然而，想自杀的人更有可能把想法告诉他们认识的人，而不是心理健康专业人员。所以，你的目标首先是倾听，然后再将此人转交给有能力进行自杀评估的专业人员。

做一个不完美、有同理心的倾听者，要比做一个照本宣科的劝导者有效得多。有自杀念头的人更容易相信那些在乎他们的人。但是，如果你确实说了一些你认为没有帮助的话，你可以马上道歉："我很抱歉。我不知道为什么我会说'你活得这么辛苦'。我知道我还没有很好地理解你的感受。请忽略这一点，继续说下去，我在听。"

通常，学生不会主动提及自杀，但会列出他们的生活中正在发生的许多导致情绪压力的事件。他们可能会说"我一无是处"，这是我们邀请孩子与我们进行交流的契机。

老师们应该意识到，如果一名学生的学习成绩下降很厉害，除非他们有脑损伤，所以如果你的一名学生的成绩从 B+ 突然变为 C-，那么他们的内心世界很可能发生了一些事情。现在我们可以对学生说，"去找学校心理老师聊聊"，因为人们害怕再次与孩子进行私人谈话，因为他们担心把事情搞砸。但你希望他们准备好和一个孩子谈话，并且说，"你做得不像以前那么好了。怎么回事？有什么问题或什么事需要别人帮忙吗？"

维克托·施瓦茨

本章末尾总结了一份简明的清单，列出了该做什么和该说什么。在大多数情况下，你会带着同理心倾听，这意味着眼神交流和点头，以表明你参与其中。最重要的是，对方感觉自己被倾听了，而且通常不需要你说太多话或问太多问题。如果你真的想问问题，可以问一些需要解释的开放式问题。例如，可以询问他们是否有自杀计划，但这不是必需的。如果一名学生向你求助，他已经表达了一个人所能做出的最赤诚、坦白的情感。你应该感到荣幸，因为他认为你是一个可以信任的人，可以知道对他来说有关他的如此敏感的信息。所以，深吸一口气，你会没事的。不要专注于自杀。你无法拯救他们的生命，但你可以试着帮助他们拯救自己的生命，让他们免于自杀。

下面是老师和学生之间面对面的简短对话。正如你将看到的，这只是一个关心孩子的成年人和一个受伤的儿童之间的聊天，你不需要记住任何对话的内容，这只是一个帮助你理解对话流程的例子。你不必问"你想过自杀吗"，但如果对方觉得不舒服的话，可以联系心理老师。然而，我们强烈建议你接纳这种不适，试着进行对话，一旦时机合适，就把孩子推荐给心理老师，做一次柔和的交接。以下场景是学生在计划自杀期间来到教室与老师进行的对话，以表明作为教育工作者如何与学生互动。

凯西：雷诺兹老师，你有空吗？

雷诺兹：当然，凯西，请坐。怎么了？跟我说说。

凯西：你知道我哥哥去年在车祸中丧生，然后我妈妈得了癌症，而我……

雷诺兹：嗯，我知道你哥哥的事，但你妈妈的事我不知道，我很遗憾。你有很多事情要做，难怪你这么痛苦。你继续说。

凯西：我只是觉得……我的意思是，我不能集中注意力，我想我不能再这样做了。我是说，我不知道……

雷诺兹：你不能哪样做了？你能解释一下吗？

凯西：是的，就像我什么都不在乎，也不想再待在这里一样。一切都很艰难。每天起床都很困难。我对什么都不感兴趣，感觉整个世界一片阴暗。

雷诺兹：我需要问你一个具体的问题，因为很多时候，当有人经历了你所经历的一切，他们会说'我不能再这样做了'，他们可能正在与自杀的想法作斗争？你有想过自杀吗？

凯西：嗯，我想过。我是说我不知道。我有过这些黑暗的时刻，然后它们就消失了，我不想伤害自己，我感觉很好。但有时我真的很想，我觉得自己无法控制，尤其在深夜无法入睡的时候。我的爸爸、妈妈如果知道了这件事一定会很伤心。但我觉得自己太没用了，我不想告诉他们，因为我的爸爸非常担心妈妈的病，然后我的哥哥不久前刚去世。我不能把自己的自杀想法再告诉他们。我不能这么自私。爸爸有一把猎枪，我想这会让疼痛停止。有时，疼痛会一直持续，仿佛永远都不会停。

雷诺兹：凯西，我接下来说的内容都是非常认真的。首先，我很荣幸也很感激你信任我。真的。我也知道你需要多大的勇气才能这样敞开心扉，并且如此相信我，告诉我你所经历的一切。非常感谢。

凯西：你不觉得我软弱吗？

雷诺兹：一点也不，你太勇敢了。人们不明白说出这些话有多难，但你做到了，我非常感激你。所以让我们谈谈下一步该怎么做，因为我们需要确保你不会自杀。我们应该去找学校的心理咨询师谈谈，她会知道接下来的步骤。我们可以一起去，或者一起给她打电话，你觉得这样可以吗？

凯西：她会叫救护车还是告诉我父母？他们现在接受不了这件事。

雷诺兹：你父母不会想失去你的。我们可以达成一致，对吗？我不知道具体过程会怎样，也不知道什么时候会通知你的父母，但让我们一起走向下一步。我跟你之间没有秘密，我会与你分享我们的做法，并询问你对此的感受。我们会谨慎处理。我们现在一起给心理咨询师打电话，跟她谈谈。我会告诉她你告诉我的内容，还有关于那把枪的事，这样你就不会自杀了，好吗？根本没人生你的气，我们现在也不叫救护车，因为你和我在一起，很安全，对吧？所以我们不需要救护车。但我们确实需要帮助，我们一起经历，好吗？

凯西：好的。但我今天感觉好多了。我的意思是，它可能不会回来了。

雷诺兹：你可能是对的，但我们要再确定一下，我们将告诉你接下来的步骤。我们彼此之间没有秘密。你愿意相信我吗？

凯西：是的，我相信你，雷诺兹老师，我愿意。

如果你不得不离开这名学生，那一定确保有人和他待在一起，直到他获得专业的支持性服务。任何学生都不能单独离开，或者只留给他们一个电话，然后让他们自己联系。

这场对话通常是从不舒服的感觉开始的，你可以说"你能跟我多说一些吗"，接下来就是真诚地倾听、建立关系，以及感受他们及他们正在经历的痛苦。你应当向他们表达感激之情，感谢他们信任你并愿意与你分享，表现出成为伙伴的诚意，并在接下来的过程中保持坦诚，帮助他们获得更多的支持，确保他们不会被孤立。然后，第二天尽早联系他们，让他们知道你很在乎他们。

有人说"自杀是暂时问题的永久解决办法"，我们需要对这句话提高警惕。因为孩子们听到的是"永久解决办法"。他们听不到"暂时问题"。当一名学生在痛苦中挣扎、对未来感到绝望时，我们不能传递这种容易让人混淆的话语，这将有可能让他们误解为自杀是解决问题的一种可行的途径。

吉姆·麦考利

在任何谈话中，在痛苦中挣扎的人都可能会列出他们认为的一大堆无法解决的问题，或者他们甚至可能会提出一些不太可能发生的事情。此刻你不必表达不同意见，因为这很可能导致他们陷入一种紧张的状态。

所以，如果他们说"我的女朋友一定会回来找我的。我相信她看到我此刻的改变会回心转意的"。我们不知道会发生什么或不会发生什么，但适当的回应如下所示。

- 听起来，你似乎在考虑自己的未来，也不确定自杀是否有用，你想尝试各种选择。所以，让我们现在讨论一下如何确保你的安全。
- 此刻我们无法解决你所有的问题。我目前唯一关心的就是如何保证你的安全。我们一起来给汉密尔顿先生打个电话吧。

有很多人，包括有自杀想法和自杀行为的学生，说他们在很多时候把想法作为一种应对策略，把它作为渡过逆境时的选择。我们希望他们不要做傻事。但我们能做的只是让学生在我们的监督下尽可能地安全，因为我们知道这样做会增加他们活下去的机会。

在一场突发的危机中，一个人会认为自杀能够给自己带来安全感，而同时也会表现出一丝寻求帮助的意愿。此时，最适当的回应是："人死了，就没法回头了。现在，你并不确定这是不是最佳的方案。既然现在你对它持怀疑态度，如果你也不太确定最后会发生什么，那就让我们打电话来寻求更多的帮助。好吗？"

我们永远不希望自己被放置在评判者的角色上，告诉一个人他的选择是"错误的"。尤其当一个人极度脆弱时，我们没有资格说"自杀是一种糟糕的对策"。我们的目标是让他们接受帮助，把注意力专注在我们的目标上。

我们也许会受到在媒体上看到的图片影响，而去关注"悲伤"的学生。事实上，那些正在经历抑郁的学生也可能是一名易激惹、易愤怒的学生。抑郁症有很多不同的表现，从孤立到愤怒再到沮丧。这些学生经常会因为太痛苦而大发雷霆，而这也是教育工作者特别需要保持镇定的地方。然后才能缓和这种情况，进而把控局面。

对那些有性别认同障碍，或者经常遭受父母虐待或情感忽视的学生来说，他们可能会更加害怕父母发现他们的秘密。这些孩子需要知道你理解他们的选择，你会对他们的事保密，或者当他们的父母对他们进行伤害时，你可以给他们提供其他方面的帮助。对那些处在边缘化种族和文化团体中的学生来说，他们很难相信曾歧视过他们的社会或体系能帮助他们。理解他们的恐惧并鼓励他们将这些恐惧表达出来，也是谈话中非常重要的部分。作为倾听者，在了解真相之后，你会觉得很可怕，然而在他们鼓起勇气告诉他人之前的数天、数周、数月甚至数年里，他们的内心承受着巨大的折磨与打击。

他们会认为当前的感觉会永久持续下去。他们不明白这些感觉只是暂时的，只是单纯地想通过自杀来消除痛苦。如果有人和他们在一起，会让他们留出更多时间来实现自杀想法到自杀行为的过渡，进而他们就很有可能不会采取自杀行动。我们可能想对他们说一定会越来越好的，还想说你这样做不值得。但其实我们真正需要做的是带着共情去倾听，而不是修正对方的自杀行为。我们应该说"能多告诉我一些吗"。如果他们告诉你，他们在犹豫是否要自杀，既然有犹豫，就说明有希望。下面是一些关于该说什么及怎样说更好的指导。即使说错了也没关系，只要让他们觉得你在乎他们，这才是最重要的。同样，如果你觉得和学生的谈话并不顺利，那么也要告诉他们你很担心他们，但自己也不知道具体该怎么做："我们一起去和心理咨询师谈谈（或打电话给他），我会一直陪着你。"

不要说： 你的生活多美好啊！

而是说： 多告诉我一些你的感受。

不要说： 你不应该有那种感觉，你的各个方面都那么好。

而是说： 你的这种感觉持续多久了？

不要说： 向我保证你不会尝试自杀。

而是说： 在你感到很痛苦的时候，你可以联系我。当我们需要面对这些问题时，我们可以拨打危机干预热线。

不要说： 我记得我也分过手，但现在我已经不在乎了。你也会一样，一定能找到更好的。

而是说： 失去一段让你如此投入的感情一定很痛苦。我知道你很爱他。告诉我更多你的感受。可能我帮不了你什么，但我愿意倾听。

不要说： 想想这会给你的家人带来什么样的痛苦。

而是说： 我听你说你有一个姐姐，能告诉我更多关于她的事吗？

不要说： 你只是想引起他人的注意吗？

而是说： 我想听你说，你有这种感觉多久了？

不要说： 自杀是暂时问题的永久解决方案。

而是说： 我很抱歉你遭受了这些难以忍受的事件。你很勇敢。你能告诉我你是怎么做到的吗？

不要说： 你是学校里最受欢迎的孩子，每个人都很喜欢你。

而是说：我听到你说生活对你来说似乎并不重要，是这样吗？

不要说：它会变得更好，你会看到的。

而是说：听起来你觉得自己无法忍受如此强烈的痛苦。

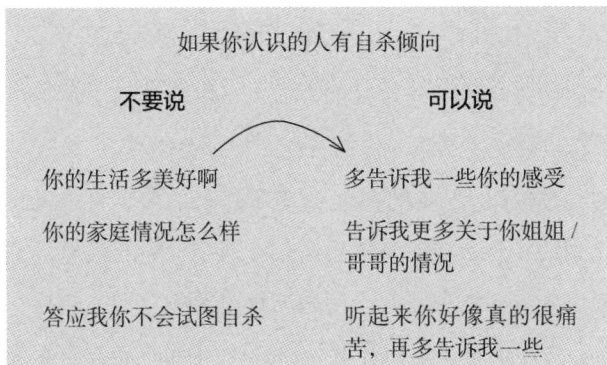

如果你认识的人有自杀倾向

不要说	可以说
你的生活多美好啊	多告诉我一些你的感受
你的家庭情况怎么样	告诉我更多关于你姐姐／哥哥的情况
答应我你不会试图自杀	听起来你好像真的很痛苦，再多告诉我一些

我们的目标是让学生或老师与评估人员联系，看看学生需要什么样的支持。我们目前需要的是对学生自杀危机保持高度敏感的观察者，而不是经过评估培训的专业人员。一旦你知道了人们想说什么、自己如何回应，以及最重要的是你内心的感受，线索就不再那么微妙了。所以一定要重视它。

| 评估自杀风险 |

我认为"老师应该"能够识别出那些有自杀倾向的学生，并与他们进行一对一交谈。老师们不必是治疗师，事实上，他们也确实没有受过相关的训练。但他们确实和孩子们有很密切的关系，这也是咨询师所不具备的。正是因为青少年能感受到这种关系，即"这位老师关心我"，对话才会揭示出更多正在发生的事情。

接下来才能提出恰当的问题，并将其转介给专业的老师。

詹姆斯·马扎

除了专业的学校心理健康人员对学生进行自杀风险评估外，其他老师和管理人员不需要再对他们进行评估了。但是，你应该对这些内容有所了解，以便更多地了解学生将体验到什么，以及安全协议是什么样的。无论你在这个过程中扮演什么样的角色，如将学生推荐给校内的专业人员进行评估，都必须致力于干预的过程，而不是担心或聚焦于结果。简而言之，就是关注当下。

在由专业的心理健康人员或学校心理老师进行的典型自杀风险评估中，为了获取有关青少年当前（和历史）自杀想法、计划和行为的信息，家长和学生要分别接受访谈。提出开放式的关于自杀问题的细节至关重要，包括"谁、发生了什么、何时、何地、为何发生和如何开展"。如果青少年报告有自杀想法，评估人员必须询问是否有自杀计划（或多个计划）、执行计划的意向，以及实施计划的方式。越详细越好，询问行为发生的时间和地点、致命性和可行性，以及目前是否有自杀准备。

| 安全计划 |

安全计划是需要青少年、家人和临床医生之间相互协作的一个过程，通常包括书面策略和支持资源，青少年在经历自杀危机时可以使用这些策略和资源。它包括六个主要步骤。

1. 识别危机信号
2. 做好应对策略
3. 联系社会支持

4. 争取家人或成年人的帮助

5. 联系本人

6. 阻断自杀途径

安全计划不同于不自杀协议。研究表明，不自杀协议是无效的，因为他们没有给当事人提供一个合理的、商定的计划，要求当事人在没有掌握其他技能和资源的情况下保证自己的安全是不切实际的。然而，安全计划是有效的。现在，许多智能手机应用程序都包含了安全计划，以方便使用。考虑到青少年将智能手机视为自我的延伸，因此它们可能对青少年特别有帮助。

针对老师和其他学校工作人员的预防自杀的三步干预法

如果一个孩子承认自己有自杀的念头，或者对"你想自杀吗"这个问题的回答为"是"，可以选择一些对话要点。如果你对下面第 1 步和第 2 步的问题感到很不舒服，可以跳到第 3 步。

1. 进行一对一交流，谈话要点或提示如下。

- 说"告诉我更多"或"这些想法困扰你多久了"。
- 避免说"你生活中有那么多美好的东西"。

2. 带着同理心倾听，不要"修正"或提供解决方案，谈话要点或提示如下。

- 不要说"你不是一文不值的"，而是要问"为什么你觉得自己一文不值"。
- 如果他们提到所爱的人，不要说"他们永远不会忘记你"，而是说"你提到你和姐姐很亲近，告诉我更多关于她的情况吧"。
- 你可以问："你有自杀计划吗？"（你不必非要问这个问题，但你可以问。）
- 他们可能会列出大量问题，你不必非要解决哪个问题。你可以说"听起来你一下子就遇到了很多难题，可能需要更多的支持"。

3. 将孩子与学校心理老师或社会工作者联系起来，表现出对他的伙伴式支持，谈话要点或提示如下。

- "我知道你真的很痛苦，非常痛苦。我现在也不确定下一步该怎么做，但是我想帮助你。让我们一起打电话或去找学校心理老师吧。"
- 承诺会遵循保密原则，但不承诺完全保密。
- 不要让学生单独一人待着。他们不应该待在任何没有人陪伴的地方。
- 询问学生是否可以将他说的话告诉心理老师，这样他会更加信任你（无论如何，你必须报告）。

学校辅导员：调查自杀行为时询问的具体问题

开诚布公地地询问自杀想法、计划、行为和意图。

- 你现在或过去有过自杀的想法吗？
- 你是否曾经觉得生活没有意义？
- 你是否曾希望自己长睡不醒？
- 你是否曾试图伤害自己，希望自己死去？
- 你曾尝试过自杀吗？
- 当你……（如服药过量等）时，你会怎么想？
- 自杀未遂后，你感觉怎么样？

如果青少年对其中任何一个问题的回答是肯定的，那接下来具体询问：谁知道这件事、要做什么、何时、何地、原因及如何实施。

- 你准备做什么？
- 你认为什么时候可以这么做？
- 你会在哪里自伤或自杀？
- 你会采取何种方式自伤或自杀？
- 你为什么想自杀？
- 谁知道这件事？

第九章
重返校园

当我们深入研究这些数据时发现，绝大多数被自杀念头折磨的人并不会因为自杀而死亡。治愈和康复、获得联结和重燃希望不仅是可能的，而且是可以实现的。我们真的想讲述那些关于力量、康复和治愈的故事，告诉大家那些经历都是正常的，我们可以克服它，也可以"好起来"。

斯科特·洛默里

自杀未遂的学生可能会感到沮丧、羞愧、疲惫、迷茫和尴尬。许多孩子根本无法理解当初是什么驱使他们尝试这样做的。他们经常想离开治疗中心，但又担心回到家和学校后的尴尬。学生们可能想知道他们如何解释在这一周或更长的时间里他们去哪里了。或者他们也有可能会面对另外一种尴尬——"冷漠的墙"，即周围人表现得好像什么都没发生一样。再加上落下了大量的功课，这会让他们产生恐惧，而随着时间的推移，作业也在不断增加。加之有些是必须在规定时间内完成的，压力势必会像海啸一样向他们袭来，压得他们喘不过气来。一名自杀未遂青少年幸存者描述了她面临的各种压力。

刚回到学校，一切都很紧张，作业也很繁重。我对这一切都感到非常焦虑。在所有事情上我都落后了。这对我来说压力实在太大了，我一下子就到了崩溃的边缘。

还要考虑到一些青少年在家里得到的支持很少，他们可能会因为作业未完成或成绩下降而感受到来自父母的压力，家人可能会因为这些事感到羞耻而对他们进行吼骂，他们也可能是家庭矛盾情绪的受害者，这些情绪强化了青少年的无价值感。在家庭中，可能还存在潜在的文化冲突或性别认同问题，否认家里曾经发生过这种情况，包括家庭成员存在药物滥用问题，以及其他相关的创伤。他们可能会为这个问题寻找替罪羊，把所有的责任都推到学校身上。

还有一些父母在孩子经历濒死体验后情绪混乱，他们可能会过度保护孩子，造成高度焦虑的家庭氛围。由于害怕孩子自杀，父母可能会反应过激，将所有的注意力都放在青少年身上，甚至在露营的时候也会在睡袋旁监视，以防孩子自杀，这会让孩子们感到无处可逃、濒临崩溃、了无希望。所有这些都会使重返校园变得复杂，因此让他们知道学校能提供安全的环境至关重要。

学校对自杀未遂的学生重返校园的过程进行适当管理，这是预防自杀的重要组成部分。学生出院后重返校园可能会出现更高的风险，我们将讨论如何将风险降至最低。虽然你可能不是学生重返校园的直接管理者，但如果这个孩子是你班级里的学生，那么掌握一些基本的指导方针和了解你将扮演怎样的角色会对你的工作非常有帮助，尽管你可能不清楚这些帮助到底会体现在哪里。针对不同的地方和不同的学校，重返校园的方针可能会有所不同，但这对学生的功能恢复来说是必要的，但为了更好地帮助学生获得更多的信息，这个过程可能会很复杂。在这种情况下，学校心理老师应该寻求学生父母或监护人的签字许可，以便与医院、学生的治疗师进行沟通。

| 从医院到学校的过渡 |

如果可能，在家长允许的情况下，学校的相关人员（如班主任等），可以在学生返回学校之前到医院或家中探望学生，这将有助于促进学生重返校园。如果之前在学校的经历是积极愉快的，学生可能会渴望回归校园，这也将有利于其重返校园。这也是一个与学生的家庭取得联系的机会，并为他们提供如何获得支持的信息。家庭成员通常认为这只是学生一个人的康复，但其实对他们来说，重要的是要认识到这对所有人来说都需要新的调整。每个人都必须进行适应、调整、寻求支持并做出改变。

在学生重返校园之前，学生、家长、校医、心理老师及其他可以参与的相关管理人员应该举行一次重返校园的会谈。会谈的目标是制订一个可以帮助学生完成出勤率和学业预期的计划，以及在学校环境中出现心理健康问题时如何寻求帮助，并与学生就学校如何持续有效地支持他们的心理健康工作进行一般性讨论。

最高的风险其实发生在学生出院后，尤其是家庭和学校会把责任归咎于太高的学业标准。这让孩子感觉有太多的作业要做，他们完全不堪重负。因此，我尝试与老师合作，尽量减少他们的作业量，在他们能完成正常的学业之前给予更长的过渡时间。我们学校有一个出院后的学业计划，以此降低孩子们的学业负担。孩子们被要求每天来我的办公室和我一起签到。这不一定是治疗课程，可能只是说"嘿，我感觉很好"或"我感觉糟透了"。我喜欢这种签到的形式，喜欢与孩子们进行眼神交流，只要知道他们在这里就可以了。还有一件事我必须强调，那就是家长不能是安全计划的第一负责人。这有很多原因，其中一个原因是，我们的家庭才刚开始了解心理健康的意义，对很多方面了解不足，因此需要专业的自杀预防和心理健康专业人员来担任决策者。

杰西卡·契克 - 戈德曼

在学生重返校园之前，老师要与家长会面以更多地了解孩子的情况，这对根据学生的时间来制订个性化的重返校园计划和提供所需支持是不可或缺的。教育工作者可以通过直接让学生参与这个重返校园的计划来更好地帮助他们。这种参与有助于学生在压力下重新获得某种控制感。

学校心理老师应与学生协商，谈论成功重返校园需要什么样的支持、该学生想对朋友和伙伴说些什么。在学生重返校园之前与他们会面，班主任可以帮助学生一起计划要说些什么，并提供他人曾在类似情况下说过什么样的话，从而减轻学生的心理压力。

这有助于了解使青少年考虑或企图自杀的风险因素有哪些，也有助于了解实施哪些保护性措施可以降低风险。这时应该指导需要什么样的支持来加强保护因素及如何让老师参与进来，同时在这个过程中一直要遵守保密原则。

学生识别哪些成年人是"值得信任"的

在学校里，谁是你最值得信任的成年人？针对这个问题，有几名青少年给出了如下回答。

- 和我关系密切的老师，心理老师，也可能是班主任。
- 对我有影响的老师。
- 我可能会去找班主任。
- 我的家庭发生了一些变故，我不想告诉他人，但老师发现我好像不对劲，我就"和盘托出"了，因为我信任他。
- 去找陪伴我时间最长的人。

重返校园会谈的关键点

学生在住院后，往往会感到被剥夺了自由，被当作小孩子对待。这种看管的方式也可能会被延伸到家里。我们需要在提供支持和自由空间之间找到一个平衡点，尽管这是一个很大的挑战，但真的非常重要。

- 在可能和可取的情况下，父母应从一开始就参与重返校园的过程。这包括签署信息表格，让班主任与学生的校外临床医生进行沟通，并审查他们的安全计划是否妥当。
- 任课老师需要知道学生是否能完成全部或部分学业，并了解学生学业进展的总体进度。他们不需要知道学生的临床信息或详细病史。相关人员只能告诉老师那些"必须告知"的信息（即老师与学生合作时必须知道的内容）。制订计划将为各方提供一种稳定性和一致性，并对学生的应对能力产生积极的影响。

- 当学生重返校园后，他们需要自由地表达回归学校后的各种情绪，而且学校也必须有一份保护协议，让他们在教室环境之外也受到监督，就是当他们感到难以承受时有一个安全的地方可以去。就像杰西卡提到的那样，她让学生们每天都进行签到。她想让那名学生出现在自己的眼前。

- 老师必须了解并理解这个为支持和确保学生安全的协议。同时，老师也必须遵守保密原则，尊重学生的隐私。

同伴联结和支持

在一些寄宿学校，当学生从医院重返校园时，他们将会与另一名学生建立联结。有时，这被称为"影伴"，类似于医学院的专家医生带实习生的形式。简而言之，将学生与"影伴"两个人配对，让他们感到被支持并更顺利地完成过渡期。那些做"影伴"的同学都是有过相似经历的青少年，他们在经历危机后进入了稳定的状态，他们可以给同龄人提供支持。另外，还应有其他的支持可供学生选择，如学校支持小组、同伴帮助计划。如果学校的文化很难实现学生重返校园的计划，在有条件的情况下，学校工作人员和家长可能会想办法将学生转到另一所学校。

| 因自杀丧亲的学生重返校园 |

家中有父母或兄弟姐妹自杀的青少年，他们会挣扎于自己内在认同的改变，以及如何看待他们自己和他们的家庭。他们现在是"自杀哥哥的弟弟"或"自杀母亲的孩子"，这是一个很难让人接受的生命体验。家人自杀所造成的丧失往往会给青少年的生活和世界观造成很大的挑战。许多人说，他们第一次意识到生活是不可预测的，也是不公平的。14岁的新泽西州中学生基尔南·加拉赫描述了父亲自杀后，她重返校园的感受。

我有大约三周没有去学校了，返回学校后就有一种快要窒息的感觉。我父亲刚去世的那段时间，我不想看到天亮。我不想听我最喜欢的歌曲。我不想看星星——我甚至都不想吃东西。我什么都不想做，因为我失去了我的父亲、我的英雄和我最好的朋友，还远不止这些。后来，我去了学校——一个感觉像监狱的地方，一点都不好玩。当我行走在校园里，我想我很快就会好起来。我将不再流泪，会坚定地回答问题，会完成我该做的。我以为有人会陪在我身边，会有人陪我说话。

但我完全错了。我抽泣着，无法集中注意力，当别人问我怎么了，我只能勉强回答一些问题。这时候所有人都会转向我，可是当我扭过头看向他们时，他们的脸就会立马转回去。除了一些成年人承认自己无话可说外，没有任何人和我说话。

我重返校园的那一天，感觉一切都放慢了节奏。我的体温飙升，手心冒汗，当我打开储物柜时，会在柜子上留下一个湿湿的手印。泪水瞬间涌了出来，视线模糊了我的双眼，然后顺着脸颊流下来。我不知道从现在开始我该怎么办，我在学校的生活会怎样；虽然有时我可以把情绪锁起来，但有时它们无法隐藏。

别人可能会看到我大笑、微笑，似乎一副"快乐"的样子，但他们看到的并不是我的全部。能看到我笑，却看不到我强忍的泪水。有时泪水难以控制，倾泻而出。你看不到我的心支离破碎，看不到我那深藏在心底的秘密，以及我为之遗憾的事情。我的家事成了人们茶余饭后的谈资，这是他们一次又一次地埋葬我的父亲和我的家人。你们不知道我有多希望我的父亲在这里，用拖把当麦克风唱歌，他让我们所有人帮他打扫房子。虽然你看不见，但我确信他就在那里。

2019年9月25日，我父亲去世的那晚，所有的记忆和对话就像一张旧唱片一样在我的脑海里一遍又一遍地播放。我现在在学校里无法专注地学习，总是会胡思乱想。很多时候，人们会告诉我，他们不想提起这件事，因为他们不想让我难过。但毫无疑问，我从没有忘记过，也永远都不会忘记，而且我不会这么做。我永远记得那一刻：一位警官说"肖恩死了"。我永远不会忘记警笛声和救护车的警报声，不会忘记母亲的哭喊声，父亲出事的时候我没有在家，我没想到我们的再见就真的成了永别。我永远不会忘记我父亲的死；它像文在我身上的伤疤一样永远不会消失。当然，我永远不会忘记我的父亲是一个多么伟大的人。

丧亲的儿童和青少年

对丧亲的儿童、青少年及其家人来说，他们会面临以下几个困境。

- 是否要谈论死者或提及亲人的死因。那些关心儿童和青少年的人，认为在他们面前谈论逝去的亲人是一种提醒，会让事情变得更糟，但其实儿童和青少年根本不可能忘记。

- 以同理心倾听。令朋友和家人感到沮丧的是，他们无法修复儿童和青少年内心的痛苦或让事情变得更好，因此会试图说一些乐观的话，而孩子们需要的只是倾听和陪伴。

- 与痛苦的人坐在一起。有时一部电影或朋友和家人的陪伴就足够了，但家人对此并不确定，他们觉得他们所做的远远不够。

- 不舒服。亲人自杀所造成的丧失对每个人（包括朋友、家人和亲人）来说都是巨大的。和一个丧亲的儿童和青少年坐在一起可能会让他人感到不知所措和不舒服，害怕说错话进而让场面失控，最终难以收场。人们经常对死亡的原因窃窃私语，这在其他死亡事件中很少见。

不论什么原因失去至爱的人都会令人非常痛苦，但因自杀失去至爱的人会给人们带来额外的困惑、隐秘和羞耻。家长通常被孩子们视为自己世界的中心，认为他们会和自己永远在一起。而一旦家长去世，孩子们会认为自己的世界也完蛋了。甚至有时候，孩子会觉得这是自己的错，责备自己为什么不能给父母更多的

爱，或者父母为什么不够爱他们，不愿意留下来陪他们。与其他死因相比，自杀死亡最特别、最困难的是死亡的"可感知到的故意性"及与之相关的死亡的"可感知到的责任"。幸存者和其他人都认为自杀是当事人的一种选择，是在自杀念头驱使下完成的，而这不一定是死者当时可以控制的。虽然自杀有点像一个想结束极度痛苦的人的恍惚状态，但对幸存者来说，曾经"可能、将会、应当"的旅程是让他们无法忍受的。事实上，自杀是可以预防的，这一事实使丧失至爱的人更加难过。丧亲的青少年从此可能会担心其他人也会死去，或者他们觉得父母已经离开，自己的悲伤不值一提。如果是兄弟姐妹自杀，孩子也可能会被父母的悲伤压倒，或者觉得自己必须"表现坚强"，从而承担起家庭的责任，以免让父母再为他们操心。他们还可能会对死者心存愧疚，因此觉得必须肩负起父母的希望和梦想等额外的负担。

回到学校后，由于怀着丧亲的耻辱感，青少年觉得朋友会与他们保持距离、减少沟通，他们因此会感到孤独。同学们见到他们可能会问他们问题，或者保持沉默，甚至可能会问一些无礼或伤人的问题。而这种巨大的悲痛是无法修复的。作为一个家庭中有人自杀身亡的孩子，这些问题也会导致孩子面临自杀、药物滥用、自我伤害等风险。如何处理这段过渡时期的问题，对防止青少年出现问题非常重要，这可能会影响他们几年甚至几十年。

为了更好地渡过这段过渡期，请参见第十二章的"中学生如何应对亲人自杀"，以便为如何帮助学生重返校园做指导。

首先，如果有一位老师、校医或其他教职员工代表与学生交谈，表达哀悼，会对青少年有所帮助。你也可以分享一些第十二章中的工作指南，帮助指导他们与他人的对话，鼓励练习如何回答"发生了什么"或"你的父母或兄弟姐妹是怎么死的"，代表学校与学生交谈的两个人最好是学校心理老师或校长，以及学生认识的老师。

青少年想说什么

无论学生是否选择在学校分享自己的经历，教育工作者和家长都可以帮助他们准备好答案并练习怎么说，这将缓解学生的压力。然而，家长可能无法做到这一点。考虑到社交媒体和数字技术的发展，对死因保密几乎是不可能的，而且消息可能已经传开，同学们也已经知道了。

以下是回答"发生了什么"或"你爸爸 / 弟弟 / 妹妹 / 妈妈是怎么死的"的示例。

- 我妈妈结束了她的生命。
- 我哥哥自杀了。
- 我爸爸死于抑郁症。
- 我爸爸自杀了。
- 我姐姐上周去世了，这就是我现在想说的。
- 我真的不想谈论这件事。
- 我们还不知道。

虽然没有错误的答案，但孩子应该避免描述死亡场景和死亡的方法，或者在学校使用"死于自杀"一词。答案并不固定，这意味着回答可以根据提问者是谁、丧亲的学生现在在何处及其当时的情绪而调整。

考虑到丧亲的学生会感到不知所措和恐惧，以及其他学生对如此巨大的丧失也会有同样的感受，让一个亲密的同龄伙伴与该学生联系，讨论学生想要或不想要谈论的内容，这对重返校园计划是有帮助的。这个同龄的伙伴应该在学校心理老师或社会工作者的支持和指导下，成为这名丧亲学生重返校园的同龄使者。

学生是否希望在重返校园的第一天或第一周有一个或多个朋友陪同？他们能接受人们询问他们关于失去的亲人有关的问题吗？他们现在想谈什么、不想谈什么？同龄使者可以使用"中学生如何应对亲人自杀"（见第十二章）帮助这名学生。丧亲的青少年一开始可能会感到很震惊和困惑，但在重返校园之前向他们提出这些问题，他们将有时间来处理和思考答案。

应该有一个固定的程序来支持丧亲的学生，一开始可以每天进行一次签到，最终每周一次，并且要让指定的老师或学校心理老师知道事情的进展。同龄使者每天就像老朋友那样与这名丧亲的学生保持联系，这名丧亲的学生也会按照时间表与老师联系。总体来说，这为丧亲的学生建立了一个支持系统。

如果学校能够让学生在亲人自杀后更容易接受重返校园，这将惠及所有相关人员，并培养一种团结、友爱和相互支持的氛围。基尔南由衷地讲述了她在父亲自杀后重返校园的经历，其实这个经历本可以变得更容易一些。多亏来自自身和母亲的力量，使她能够在写作中淋漓尽致地表达自己，并以此作为发泄悲伤的出口。我们将与你分享基尔南在毕业典礼上对所有同学说的话。

2020 年，作为海洋镇中学学生会的联合主席，我发表了一次毕业演讲。我提到了这一年给每个人带来的挑战，最后引用了我父亲的一句话："去做好事，我坚信你可以。"我父亲一直希望我努力学习，并且确切地说，是希望我们做好事。所以我知道在我毕业的那一刻，他一定为我感到自豪，我不仅为他指导我获得成功而骄傲，更为自己感到骄傲，因为我顺利地完成了一切，并在那里做了一场非常出色的演讲。

第十章
后期干预

当我们宣布这位年轻女士的死亡时，你可以从她朋友的脸上看到，他们只知道这是一起自杀事件。在随后的几小时里，学生们开始写便签，并把它们贴在学校的各个角落。便签上写着"你并不孤单""你被爱着""如果你在挣扎，请寻求帮助"等内容。突然在几天之内，整个学校都贴满了这些便条。这有点令人惊奇。这一切都来自孩子们，这是他们相互支持的方式。

——珍妮弗·汉密尔顿

由于悲痛会增加自杀的风险，尤其在青少年群体中风险更高，因此拥有一份像《发生校园自杀事件之后》这类基于实证的后期干预指南是至关重要的，而且该指南可供免费下载使用。该指南中提供了可用于公告或电子邮件的范例，并就学校如何在自杀事件发生后推进后续工作，包括从处理媒体关注到举办家长会，都提供了指导。

在学校发生自杀事件后，无论自杀者是学生还是教职员工，校园内人们的情绪都会高涨、纠结，气氛混乱不堪，这使危机干预变得困难。除了悲伤、无助和震惊之外，行政人员还担心责任、自杀传染和负面宣传。班主任觉得他们的工作失败了，老师为忽略了引发悲剧的抑郁迹象而感到内疚。对一些曾为自杀纠结的学生来说，他们认为，"如果他们能这么做，我也可以这么做。然后我所有的痛苦就会消失"。其他学生责备自己忽略了同龄人处于挣扎中的迹象。如此巨大的绝望怎么可能会被忽视？而学校如何开展下一步工作，该怎么做才是正确的？首先是创造一种校园文化，允许以一种深思熟虑、敏感和同情的方式进行关于悲伤和自杀的对话。

虽然本章是关于自杀事件后续工作的指南，但这并不是一个万能的指南。例如，如果你处于对自杀非常敏感的文化背景下，可能需要具体的文化指导，以了解后期干预应该是什么样子，以及如何编辑指南以适应该类人群。如果你所服务的人群关于悲伤的传统各不相同，请询问他们有关悲伤的文化和传统。

后期干预目标

- 通过识别其他有自杀风险的孩子，减少传染的可能性。
- 稳定环境：帮助老师回到教学工作中，帮助学生回归学业。
- 促进哀伤健康化。

Source: Jim McCauley, Riverside Trauma Center, Needham Heights, Massachusetts.

自杀死亡也是一个创伤性事件。对每个人来说这都是一件复杂的事，因为你要同时处理悲伤和创伤。在学校里，棘手之处在于，你一边努力想知道如何支持那些失去好朋友的孩子，同时还要支持其他本身就有创伤史的孩子。他们可能已经听说过一些关于那些自杀学生如何死亡的可怕故事，或者他们曾因有自杀行为而被送进医院，现在他们深受触动并思考自己的生活，以及将要发生在他们身上的事情。你知道，"如果那样做对这名学生有用，那么也许对我也有用"。所以所谓的自杀传染是大约2%～5%的孩子在15～24岁会面临的，这是我们一直担心的事。所以当我走进一所学校时，我们试图减少自杀传染的可能性，并且稳定环境——让老师回到他们的教学工作中，让孩子们回到他们的学习中，然后试图找到一种方法来帮助大家健康地抒发悲痛。

吉姆·麦考利

深思熟虑的事后干预才是干预。简而言之，能够有效应对丧失幸存者的领导者可以降低未来其自杀的可能性。

临床社会工作者詹姆斯·比埃拉是一名流动学校社会工作者，他的工作对象是阿拉斯加原住民学生，而在他所在的州，自杀传染的可能性很大。为了给阿拉斯加的乡村学校提供服务，他乘坐丛林飞机出行，睡在学校里的一张简易床上，在那里做饭，有时在学校小卖部或维修室里与学生会面。当他去阿拉斯加的托克苏克湾时，他注意到了很多复杂的悲痛案例，因为许多村民在应对一起接一起的自杀事件。这种情况可能且已经在年轻人中引发了很高的自杀传染率。比埃拉和他的团队了解了家庭成员分别是谁，以及他们之间的联系。为了防止自杀死亡后的自杀模仿，他立即联系了村里值得信赖的成年人，以便他们能够干预和支持可能面临风险的家庭成员和朋友。在同一个学区，也有类似的规定。如果你的学校发生了学生自杀事件，应立即通知该地区的其他学校，因为这可能会影响那些相关学校学生的情绪健康，教育工作者需要对此保持警觉。

最初，创伤专家建议将有相同经历的人聚集在一起，即那些亲密的朋友，并分别支持他们。下一个关注的重点是该学生上的每一门课并伸出援手和提供支持，至少要在这些课堂上进行一次谈话。

尽管人们对自杀传染总是既关注又恐惧，吉姆·麦考利指出，他的团队也非常关注群体问题。所以这不仅仅是自杀发生后 2 ～ 4 周的问题；问题在于，这些学生在近期的学校生活中可能会产生自杀倾向。

在当地一所学校，有一名高二女生自杀身亡。当他们升到高三时，同一个班的 2 个孩子也自杀身亡。然后这些孩子都去上大学了，但又有 4 个孩子自杀身亡。在他们完成大学学业之前，班上共有 7 人死亡。因此，这种同龄人的经历也让我们担心。

吉姆·麦考利

为什么与自杀学生同班的孩子会在多年后自杀？是什么使他们的自杀风险更

高？没有人确切地知道是什么导致了这些旷日持久的悲剧，但吉姆认为，见证过自杀的学生或许将自杀视为解决他们痛苦的其中一种方式。有可能许多同班的孩子本来就有自杀倾向，这些孩子经历过一些他们认为无法再继续走下去的时刻，所以在多年后遇到生活困境时，他们会将自杀视为一种选择。

经过研究，我们知道谈论自杀不会让青少年产生自杀的念头，在学校里经历一次真正的自杀事件或许也不是，只是几年后自杀或许成为他们会采取的方式之一。大多数试图自杀并幸存下来的人告诉我们，早在他们 5～8 岁时，自杀想法就已经存在几个月甚至几年了。

虽然担心逝者的亲密朋友会产生自杀倾向十分合理，但那些经历过自杀事件余波的人感受到的危机其实是最外层的，而那些对自杀者感同身受的孩子，其实可能并没有那么熟悉自杀者。

发生了 3 起死亡事件之后，紧急服务小组关注了当地学校的许多孩子，但在被关注的 25 名学生中，大约有 20 人并不了解离世的学生，甚至根本不认识对方。他们对这名学生在其生命的最后几小时里的经历非常感同身受。"我想知道他们现在在哪里？""他们在哪里结束了生命？""有人帮助过他们吗？""他们一定非常痛苦。"这些学生深陷发生在逝者身上的某些问题。他们并不是亲密的朋友，这也是另一个我们常发现的事实，就是我们的重点并不在于死去学生的亲密朋友圈，我们要关注的是最外层的余波，是那些或许处于新生阶段时与自杀学生同班过的孩子。也许他们一起参加过棒球队。但是，我认为最外层的孩子也是让我们感到担忧的。这只是我的推测，但我认为这些非常有同情心的孩子的问题同样重要——他们自己已经挣扎了很长时间，他们很脆弱。

吉姆·麦考利

虽然听起来很残酷，但如果自杀事件确实发生了，努力使其成为有教育意义的时刻将有助于防止再次发生这类事件。因为如果你所在的学校 10 年来没有发生过任何学生死亡事件，然后突然发生了自杀事件，家长就会来参加你的心理健康教育演讲。我们想在这里指出，在大多数情况下，在发生自杀事件后，应该延迟引入自杀预防教育。

以下概述提出了关于自杀后干预活动应该如何展开的总体观点。这些步骤可能需要同时进行或稍作调整。当死亡事件发生时，应激活学校的危机小组，并计划处理丧失，同时识别和协调其他可能受到影响的学校。

1. 核实来自家庭成员、监护人或当地政府提供的信息。
2. 确定家属愿意透露哪些信息（或者哪些信息已经由某个可靠来源公开发布）。请参见本章和第十二章中的"请求父母同意披露学生自杀死亡的示例"。
3. 关于自杀的报道，在发布任何媒体新闻时都确保使用了正确的语言、语气和列上资源。
4. 一旦确认自杀者身亡，在适当的情况下与咨询小组会面，并通知学校的工作人员和学生。
5. 与家属商量纪念会事宜。被指定为家庭联络人的工作人员需要准备好向家庭解释纪念会政策，同时尊重他们的意愿及其与文化和宗教相关的悼念传统。
6. 征求意见，以积极且尊重生命的方式纪念逝者，不要让其他学生处于自杀风险中或助长情绪危机。了解学生群体的敏感性，并在实施以下任何想法之前咨询家庭。

   ● 邀请学生在咨询办公室的纪念簿或索引卡片上写下个人寄语，这些卡片最终将送给逝者的家人，内容可以包括关于该学生的一个故事或一段回忆。
   ● 鼓励学生参与服务项目，如组织社区服务日或参与同伴咨询项目。
   ● 邀请学生为图书馆或奖学金基金捐款，以纪念逝者。
   ● 组织志愿者活动，展示逝者挚爱的事物。

7. 准备好应对自杀死亡的独特方面。

   ● 利用这个机会对学生、家庭和社区进行关于自杀死亡的教育（不是自杀预防教育，而是自杀悼念教育，自杀预防教育应该在以后进行）。

- 监控社交媒体网站，寻找对其他学生有危害的迹象。
- 着重开展歌颂生命和社区的活动。

与受影响的家庭沟通

虽然以上概述的第一条是"核实来自家庭成员、监护人或当地政府的信息"，但这一步涉及的不仅仅是确认死亡。吉姆·麦考利说，一旦家属得知消息，学校应该立即向他们表示同情以示慰问。与家长或监护人见面的代表人员可能会面临极度的绝望、愤怒和指责，所以最好派一个富有同情心且又有策略的人出面，帮助消解负面情绪。此次访问的目的包括对失去亲人表示哀悼，了解学校该如何支持家属，以及获得公开死亡原因的许可。不管事情进展如何（此时通常不会发生过激事件），对学校来说很重要的一点是，之后他们能够说校方确实提供了帮助并表达了同情，而当时家属的情绪仍然太过强烈，无法进行有意义的对话。为了其他学生的安全，除非有任何特定的文化限制，校方代表应该寻求家属的许可，以便公布死亡原因。

父母不必公开这是一起自杀事件。但让整个学区知道学生死于自杀是很有价值的，原因在于，这样我们在面对一大群悲痛的学生开展工作时可以直接解决这个问题，同时识别其他可能处于自杀风险中的孩子，从而预防更多的青少年自杀事件发生。

乔纳森·B.辛格

在处理这类危机时，将进行家访的学校代表应该了解更多有关该家庭的情况，这样他们一旦知晓了死亡原因，就知道该如何获得披露死亡原因的许可。学校和这个家庭之间的关系如何？家里有几口人？这个家庭可能有什么样的文化、宗教或传统？这个家庭还有其他成员在当地学校上学吗？如果有，是在哪些学校？

家访：事后干预相关建议

- 在得知孩子自杀的消息后，学校应立即派两个人去看望孩子的家人，其中至少一人是学校管理人员，并与认识学生家人的人一起去，如他们最喜欢的老师。虽然学校管理人员在听到学生死亡的消息后立即登门拜访的情况并不寻常，但不这么做绝对是错误的。学校管理人员也许会从律师那里得到这个家庭会起诉的消息。但不立即进行家访只会增加敌意（如果有）。有一个熟悉、友好的人随行，如他们最喜欢的老师，会让你的访问不那么尴尬且更有意义。

- 有时，家长为了更好的教育计划与学校争论了很多年，也或许存在来自家长的霸凌投诉记录或其他问题，但我们仍然建议管理 / 教师团队做家访。你可能会被拒之门外，但这家人将无法告诉媒体他们"从未收到学校方面的消息"。

- 请注意，有时家属会向学校提出难以实现的要求，如"我们想要在学校礼堂举行葬礼""我们想在学校前树立一座纪念碑"等，所以学校管理人员总是可以说，他们没有权限，要将请求汇报学校委员会进行讨论。

感谢吉姆·麦考利，是他提供了这些指导方针。

那么，当一个孩子刚刚自杀身亡时，我们该如何上门请求家属允许透露孩子的死因呢？那不会很难为情吗？就像没有放之四海而皆准的事后干预一样，这里也没有一个完美的剧本。家访时肯定会出现反复拉扯的对话，且不太可能像剧本那样线性发展。不过，下面的模板（也包括第十二章的"请求父母同意披露学生自杀死亡的示例"）会给你一些参考。它不是信件或电子邮件的参考蓝本，而是专为面对面家访设计的。如果你不能登门拜访，那么打电话沟通就是最好的选择。

听闻您女儿的死讯，我深感遗憾。全校师生都深感悲痛，我也一样。我们现在能为您做些什么吗？您需要什么资源吗？

我知道这是一个艰难的话题，但我必须问您一个重要的问题。我们听说这是一起自杀事件。如果这是真的，而且因为我们不希望其他青少年把自杀视为一种解决办法，所以您是否愿意允许我们披露死亡原因，以防止更多的生命损失？我们提出这个要求是因为我们知道，在这个问题上，敏感、尊重的对话和教育会鼓励其他有自杀念头的学生寻求帮助。另一方面，保持沉默意味着那些学生不太可能站出来，而且会有更高的自杀风险。您可以想象，任何时候，一名青少年过早离世，他或她的同龄人都会询问其死因。在得到家人许可的情况下，我们通常会与社区分享这一信息，我们不想在您女儿的这件事上区别对待。沉默意味着羞耻感，我们希望确保学生们明白，在心理健康挑战中没有羞耻。自杀对我们的年轻人来说是一个严重的公共健康威胁，我们希望尽我们所能来支持那些正在努力获取他们所需和应该得到帮助的人。非常感谢您的开放态度。请相信，在未来的几周或几个月里，我们将继续在这里支持您和您的家人。

感谢珍妮弗·汉密尔顿和吉姆·麦考利，感谢他们的反馈和对该范本的修订。

发生自杀事件后：电子邮件范本

如果发生疑似自杀事件，在尚未获得或公开死亡原因的情况下，可参考此范本向社区和家长进行书面通报。

很遗憾地告诉大家，我们的一名学生，×××，去世了。死亡原因尚未确定。

我们知道，有传言说是自杀。可能会出现一些谣言，但请不要传播它们。因为它们有可能并不真实，并且会对×××及其家人和朋友造成极大的伤害。我将尽我所能，在我了解到真实情况时向诸位传达最准确的信息。

既然谈到了这个话题，我想借此机会提醒大家，即使自杀事件真的发生，它也是非常复杂的，并不是由单一因素造成的。但在许多情况下，精神疾病是其中一部分，而这些疾病是可以治疗的。如果你感觉不舒服，寻求帮助是非常重要的。自杀并非唯一的选择。

每个人都有自己的方式面对 ×××的死亡，我们需要互相尊重。现在，我感到非常难过，你们中的许多人可能也会感到难过。一些人可能会感到愤怒或困惑。你可以有任何情绪。我们中的一些人可能很了解 ×××，另一些人可能不太了解。但不管怎样，我们可能都会有强烈的感受。你们可能会发现在接下来的一段时间内很难集中精力上课或做作业。另一方面，你们可能会发现专注学习可以帮助自己转移注意力。两种情况都没问题。

我想让你们知道，你们的老师和我都在你们身边，也有老师帮助我们理解发生了什么。如果你想和他们中的任何一个人谈谈，只要告诉我或你们的老师，或者在课间或午餐时间去（注明具体地点）找我们。我们都在你们身边。我们一直在一起，学校的工作人员会尽自己所能帮助你们渡过难关。

Source: American Foundation for Suicide Prevention (AFSP) and the Suicide Prevention Resource Center (SPRC), Education Development Center (EDC). (2018). *After a Suicide: A Toolkit for Schools*, 2nd ed.

但如果家长不同意公开死亡原因呢？

如果不能公开自杀这种死亡原因，并不意味着不能做其他的努力。首先，学生可能会问或指责他们的老师或学校对所发生的事情不公开或不诚实。

（如果没有透露死亡原因）孩子们会说"对已经发生的事学校没有跟我们说实话"或"学校在对我们撒谎"，然后我们说，"学校已经和家长联系了，但他们不承认他们儿子的死因，所以我们必须尊重他们的意愿"。我们告诉校长和老师："你不能书面记录学生是如何死亡的，但我们肯定可以在课堂上进行这样的对话。"我们可以说"死者的父母没有公布他们儿子的死因。但你们知道自己所听到的，也知道自己所想的，所以如果你们认为他是自杀，你的反应会有所改变吗"。你们依旧可以进行这场对话。

吉姆·麦考利

自杀事件发生后立刻开展的对话更多地集中在人际关系、心理健康、支持学生、识别其他有风险的学生及应对悲伤的策略上。虽然讨论了自杀的话题，但现在不是与学生详尽地谈论预警信号、风险因素或预防发生的时候，因为这可能会让大家感到更加内疚。然而，老师了解风险因素和相关规定很重要，因为这时有更多的学生处于危险中，我们需要这些观察的视角。

一些学校已经或可能收到律师不要访问或联系家属的建议，但这是一个巨大的错误，因为没有什么比在孩子自杀后保持沉默更能激怒受打击的父母的了。这种策略从来都不管用，而且对自杀死亡，学校对被起诉或被指控的恐惧会促使他们决定保持沉默。但是，如果父母的哭诉或指控换来的是沉默，情绪的爆发就会比炎夏时干枯灌木的着火速度还要快。

如果学校代表人员的确已经联系了家长，但家长仍然提出指控，学校最好听取家长的意见，然后应尽快请专门治疗自杀后心理创伤的顾问，以稳定局势，这样学校就不会被贴上"冷漠"的标签，其他人也不会因为自杀后的负面事件而受到进一步的创伤。创伤顾问不是律师，也不是媒体的公关专家。他们的工作重点在于，在危机中为悲伤的学生的健康和福祉提供指导，帮助管理悲剧的余震，防止进一步的创伤和生命丧失。无论你服务的是哪些人群，都应该带着同理心进行所有事后干预，因为自杀死亡对家庭和学校来说都是一个毁灭性的丧失。

| 应急预案与维持正常日程 |

自杀事件发生之后，正是学校需要依赖危机干预应急预案安排工作的时候。在框架内处理危机，总比在每个人都处于震惊和思维混乱的情况下即兴发挥要容易得多。例如，如果在孩子自杀身亡后，两名不同的老师给家长打去电话，以表达哀悼和获得披露死因的许可，会显得学校毫无准备，无法合理管理学生的健康和安全。除此之外，这也会给原本已经十分艰难的时局添乱。时刻谨记，死亡事件刚发生时，你可能不知道所有的细节。例如，法医可能还没有确定死因，有时如果警方介入调查，可能还要等几天。然而，总是有关于事情如何发生的流言蜚语，如果其中有关于自杀的说法，那么解决流言蜚语问题就显得至关重要。

在宝拉去世的第二天早上，我们的校长在每日集会上宣布了这个消息。所有人一大早都听到了同样的信息。然后，我们分成顾问团，给老师和相关人员提供了一些谈话要点，让他们准备充分地在小型的、互相更熟悉的小团体中进行这些困难的对话。我们知道，在这段具有挑战性的时期，学生希望与他们认识和信任的人联系。如果你所在的社区经历了某种创伤或危机，那么维持正常日程非常重要，但要明白的是，一切肯定不会像往常一样。因此，我们维持了正常的日程，但在每堂课开始时会花几分钟时间为孩子们测体温，并让他们交流。这是我们所做的真正重要的事情之一。有时候，当天的课程计划不得不放在一边，因为学生们希望并需要一起消化所发生的事。宝拉的死亡发生在考试周的前几周，很多孩子都说："我不能参加考试了。我怎么可能忘掉这件事然后去参加考试呢？我没办法集中精神。"

我们当然理解这些担忧，但不想鼓励那种想法，即如果你不能完美地做一件事，你甚至不应该尝试。这种黑白分明的想法永远不会有帮助。因此，我们没有取消考试，也没有取消课程。我们向有困难的学生和他们的家长表明，我们并不期望他们做到最好。重要的是，他们要参与并在面对这些困难的情况下做他们力所能及的事。而且，即使他们现在无法做到最好也没关系。我们鼓励那些难以集中注意力的学生向他们的老师求助。我们确保传达给学生的信息是，老师们会采取灵活和理解的态度，他们的确也是这样做的。但是，我们没有推出一个"好吧，我们不期望你做任何事情"的一揽子政策，因为这代表"孩子们怎么可能应付得了"。如果取消所有的期望，我们就会使学生变得脆弱，说我们不认为他们能够应对这件事，而实际上我们知道，我们将通过相互支持来渡过这个痛苦的时期。这是许多学生（和一些成年人）曾经不得不处理的最困难的事情。它是如此艰难。但我们真的想说，我们会一起渡过这个难关，无论我们现在做得怎么样，都已经足够好了。

珍妮弗·汉密尔顿

自杀事件发生后，考虑到造成的巨大损失，似乎应该取消课程和任何预定的考试。学校应该专注于维持正常的日程安排、日常结构和常规工作。这是因为每个人与那名学生的自杀事件的联系并不相同。一些与死者关系密切的学生和老师会经历更深切的悲痛，而那些与该学生接触较少或不常与该学生一起参与社会活动的学生受到的影响则较小。

有一天，学生们不想在课堂上谈论那个结束自己生命的年轻人。他们已经受够了，我尊重这一点。但我必须对他们说实话，我含着眼泪告诉他们，那天我的内心真的很挣扎，我当时没有能力正常上课。那名死去的学生是我的学生之一，我们很亲密，而那个空座位正盯着我。那天我们做了一个化学实验，因为他们在做实验时可以互相交谈。对我来说，这比我站在前面让所有的目光都集中在我身上要容易得多，那天我的情绪非常激动。我想他们需要看到我的悲伤和人性脆弱的一面。

美国西部一所大型公立高中的一名科学老师

虽然一切与往常不同，但保持一些界限并允许学生做出选择很重要，如离开课堂或下课后与老师交谈。在一起和彼此联系是渡过悲伤的一个重要部分，而学校是可以在一段时间内持续进行这一过程的其中一个且非唯一的场所。危机发生后，许多学校经常会设立"纪念室"或"哭泣室"，并指引任何有困难的人到这些房间里待一会儿。如果组织不善、人员匮乏或仅由不熟悉的人员组织，这可能是有害的。虽然这些都是出于好意而设立的，但创伤顾问和学校相关人员应认识到，在这些情况下，学生可能会变得失调。因为即使是那些并不存在困难的孩子吸收了这些能量之后，也会变得混乱不堪，最终会带来一种不安全的感觉。我们的目标不是把老师变成悲痛辅导员，而只是为他们提供策略，使他们和悲伤的学生在一起时能成为优秀的倾听者。这有助于学生和老师发泄内心的悲痛。

你不必是一名心理学家，也不必是专家。你只需要愿意并能够与学生一起坐着，感受他们的悲伤和不舒服。不仅仅是班主任，所有老师都需要准备好倾听，并与孩子们在一起，因为他们会想与自己最熟悉和最信任的人交谈。最有帮助的模式是确保每个人都以同样的方式获得关于悲剧的相同信息；然后赋予老师以技能和信心，让他们知道他们可以组织这些对话，而且他们的确可以。我的意思是，我认为他们在这方面很出色。

珍妮弗·汉密尔顿

另外，行政人员询问老师的要求和需要也是有必要的，同时也要理解在危机发生后，整天站在一群悲伤的学生面前会有多困难。由于老师与学生建立了良好的关系，他们在死亡事件后的愈合过程中能提供重要的连接点。

我们所在的县有一个系统，有额外的辅导人员和心理专家在特定地点提供现场咨询服务，海报通常张贴在图书馆里，供学生在需要时前往。我最好的学生之一，雷金纳德（化名）自杀后，他们直接派了一名辅导人员和心理专家到我的教室与全班学生交谈。这原本是出于好意，却是一个可怕的决定。我是第一个向全班宣布坏消息的人，当我向他们提供我所掌握的有限信息，并在讨论没有任何正常的方式可以让自己感觉好些时，我哭了起来。孩子们感觉很难受，我可以看到他们在忍耐，不知道如何与在场的陌生人分享他们的痛苦。辅导人员和心理专家尽力向全班同学讲话并提供帮助，但全班鸦雀无声。我请辅导人员和心理专家到大厅里暂坐，这样我们就可以有点时间进行交流，而由于我和学生们一年来建立的关系，这样做的效果要好得多。

我和那名心理专家很熟，所以当天晚些时候请他们到我的下一个班级开会时，我们一起在门口迎接学生的到来，但一开始他们要留在大厅里，这样我就可以和班级上的同学们像一家人那样展开话题，一如从前，而不必顾虑外来者，尽管他们的本意是好的，当时却平添了某种奇怪的感觉。

尼格罗（Nigro）
弗吉尼亚切斯特的一名高中老师

如果常规日程被打乱，可能会加剧失控和无法应对的感觉。詹姆斯·比埃拉指出了几个要点。其中一点就是，为阿拉斯加原住民提供的"安静室"的工作人员都是他们认识的人，因为孩子们不太可能与一个陌生人建立联系。他提出的另一点是，孩子们是从教室被护送到这个房间的，而不是给他们一张"通行证"，让他们自己去。美国自杀学协会主席、学校自杀问题顾问乔纳森·B.辛格博士说，被安排与他会见的高危儿童常常需要独自走进他所在的学校办公室。这样做的风险很高，一个有自杀想法、经历过创伤、悲伤绝望的孩子可能会走上危险的弯路。

中学老师塔米·奥佐林也强调，她甚至不让孩子们单独去找校医，总是有人护送他们去。"因为如果一个孩子晕倒或发生了什么，至少有另一名学生在那里，可以去寻求帮助。"学校可以通过护送学生来确保他们的安全，并在脆弱的时刻提供急需的帮助，哪怕是一句话也不说。这是一种通过行动表达"你很重要"的方式。你随时都可以告诉你的学生，在有进一步的通知发布之前，你都在建设这个制度，因为每个人在那个时刻都需要及时得到支持，或者这会让你觉得每个人都被考虑在内。

自杀事件发生后老师与学生的谈话要点

学生可能会问很多关于我们死后会发生什么的问题。如果你不确定学生提出某一特定问题、意见或谈话的动机，可以问："是什么让你有这种想法的？"

儿童和青少年往往希望谈论逝去的学生，这反映了人类希望记住离我们而去的人的天性。然而，自杀事件发生后，学校需要在富有同情心地满足悲痛学生的需要与适当地纪念和缅怀死去的学生之间取得平衡，这可能会很困难。处理不当或置之不理会带来不必要的媒体关注，引发模仿事件，导致教职员工和家长之间产生摩擦，并在脆弱时期威胁到老师和学生的关系。如果校方对自杀死亡的处理方式与过去的其他事件不同，学生往往会觉得他们的朋友被忽视和遗忘。一名高中生描述了他对同学自杀后学校反应的感受。

我的朋友自杀后，我们真的很想马上谈论这件事。而当它完全没有被谈及时，真的会让大家很尴尬。这不仅对解决心理健康问题污名化的困境没有帮助，而且带来了更多问题。所以我认为这会适得其反。

学生们会以不同的方式表达他们的悲痛。那些与自杀学生接触较少的孩子可能会对过多的谈话感到厌倦，并感到委屈。其他学生可能会争论谁与受害者最亲近，并争论谁最了解这个人或谁最难过。比较悲伤从来都无济于事，每个人对悲伤的反应都不一样。有些人会在纪念活动中夸夸其谈，有些人则会开一些尴尬和不恰当的玩笑，还有一些人则会把悲伤藏在心里。震惊、愤怒、悲伤、恐惧、困惑、孤立、内疚、麻木、愤怒、无助和沮丧都是正常的情绪。

有些孩子会进一步陷入绝望并羡慕死去的人，因为他们也在挣扎，也想自杀，因为他人自杀后，这个人所有的问题就都消失了。正是这些处在危险境地的孩子最容易模仿自杀。如果在学生死亡后不谈论自杀，教育工作者就有可能让学生觉得自杀必须保密，而且自杀不是一个可以谈论的话题。除了在一些文化中例外，因为这对学生来说可能是一种伤害，特别是那些受到某种影响的学生。

那些默默地承受痛苦的孩子是被忽视的，他们也最有可能在其他人都在为度过一天而挣扎的时候成为透明人。自杀传染是真实存在的，应对它的最好办法是以一种敏感而安全的方式谈论悲伤，在任何可能的地方发布资源，支持寻求帮助的行为，鼓励学生注意他们的同伴，并在朋友表达死亡意愿时把这件事告诉一个值得信赖的成年人。在学生因任何原因死亡后，重要的是联结、疗愈和健康地应对。要求学生对他人在这一过程中的处境表现出宽容，并满足他们的要求，这可以帮助稳定情绪。如果他们知道一个朋友正在与自杀的想法作斗争，这不是一个他们必须保守的秘密，学生需要告诉一个值得信赖的成年人。现在是将这些特定的主题融入你的学生讨论的时候了，我们将给你提供谈话要点，然后是一些能启发你想法的示例。最重要的部分是老师要对学生真诚相待。

如果你在学生面前流泪怎么办？你的学生可能不知道你在教室外也会遛狗、

吃晚饭和生活。虽然老师都想避免失控和陷入痛苦的啜泣，但一时的哽咽只会让你看起来更有人情味和平易近人。学生们想和那些真诚的、关心他们的人交谈。

有一年，我们失去了一名学生，我教过他。当他死亡的消息传到学校时，学生们都很震惊。他是一个很受欢迎的校园足球明星。我的同事给我打来电话，因为那名学生的几个最亲密的朋友在他的教室里，但都已经崩溃了，那些学生问他是否可以到我的办公室来。我说让他们来吧，我在大厅里等着。他们扑向我的怀抱，泣不成声，因为他们也曾是我班上的学生，我们在那里建立了牢固的、相互信任的关系。这并不是说我的同事没有能力处理这种情况。恰恰相反，他认识到他们是在向一个他们认为能够理解他们痛苦的成年人求助，因为我们曾在课堂上共同相处并建立了某种关系。

尼格罗

本章中提供的谈话要点能让老师有能力引导学生讨论。如果你觉得自己做不到，这时可以向学校咨询部门或社区寻求支持。对你的学生坦诚相待，与他们分享你的挣扎且你也意识到了这一点这一事实，并主动求助，请求课堂支持以引导一场讨论，这样你也能学到更多。在这种情况下，你正在成为寻求帮助行为的榜样。除此之外，"我不知道"和"我会尝试去了解"是对你不确定问题的完全合适的回答。

给老师的事后干预谈话小贴士

- **如果学生想表达，请一定倾听他们的想法。**让学生感到他们可以与一个值得信赖的成年人谈论他们的感受或他们所经历的事情，这很重要。当学生感到他们被倾听和被支持时，他们更有可能分享内心的挣扎。
- **识别需要进一步评估和支持的学生。**像伙伴一样与学生讨论寻求进一步帮助的方案，使他们感到你们已经就解决方案达成了共识。这可以通过以下谈话实现："这很严重。你所说的让我很担心。我们能不能和×××（学校辅导人员的名字）谈谈，看看额外的支持是否会对你有帮助？我们现在就一起过去吧。"

- **要有同理心。**学生希望被倾听，你可以通过非言语线索，如面部表情、俯身、摇头等来表明你在倾听。不要试图解决问题，而要询问更多的信息，"你因为什么有这种感觉""是什么让你认为自己有错"。

- **尽可能维持正常的日程。**以事实为依据的指南和创伤专家都强调，即使不执行课程计划，也要努力维持日常结构。老师需要它，学生也需要。有了日程，就有了某种程度的确定性和舒适性，而这种确定性和舒适性在创伤事件发生后往往会暂时丧失。保持常规也有助于最大限度地减少学生的强迫性讨论，这可能会增加他们和其他学生的痛苦。并非所有学生都受到那么大的影响，这取决于他们对死者的了解程度。

- **引导学生讨论悲伤和死亡，前提是你能接受这种不适感。**如果你的学生似乎被已故学生如何死亡及这意味着什么的话题分散了注意力，那么或许应该促进全班讨论所发生的事情，同时确保你表明了无论某人说什么都值得宽恕。避免讨论任何方法或过于详细的描述，将讨论时间限制在 5～10 分钟，并强调获得帮助和支持的重要性，即自杀想法经过治疗是可以消失的，并且有健康的应对策略。你可以让他们通过分享故事来谈论死亡的人。重要的是，要努力消除任何关于学生自杀的谣言，并说明他们这么做可能会增加自己或逝者家人的痛苦。

- **要了解风险因素及其他学生是如何应对的。**对风险因素有基本的认识，将有助于你识别可能处于风险中的学生。如果你担心某名学生的状况，请将其转介给学校关怀小组。富有同情心且与已故学生有过交集的学生，还有其他情感上有过挣扎的人，都可能存在风险。

- **允许学生分享他们对纪念活动的想法。**要求学生写下他们对纪念活动的想法并与健康小组分享，因为学生需要感觉到他们是整个过程的一部分。学校最好有相应的纪念政策，对所有的死亡都给予同等的尊重和纪念。执行任何想法之前，请先对照纪念政策，因为有些纪念想法不值得学校为之开创先例，有些宏大的纪念活动会鼓励脆弱的学生认为自杀是一种解决办法。如果他们的想法不符合准则或政策，请与学生一起坐下来并听取他们的意见，解释困境和潜在后果，并努力达成一个符合准则的解决方案。

- **请允许全班讨论如何处理"空桌椅综合征"。** 已故学生空荡荡的座位可能会令人不安，并且会唤起许多回忆，所以可以在大约 5 天或悼念活动结束后重新安排座位，以创造一个新的环境。老师应该事先解释，这样做的目的是在富有同理心地纪念已故学生和将关注点放在课程上之间取得平衡。学生可以参与计划如何礼貌地移动或拆除空桌椅。例如，他们可以宣读一份声明，强调他们对朋友的爱及对消除自杀的承诺。如果是已故学生所在的班级，这么做可以帮助其他学生在适当的时候参与集体决策的过程。

- **确保你尊重自己的悲伤。** 从哀悼小组和咨询师那里寻求支持，并允许自己也感受悲伤。学生们需要知道你也是人，如果你今天过得不好也没关系，你可以告诉学生你处在挣扎中。

| 哪些是老师不应当说或不应当做的 |

- **不要让学生单独拜访辅导人员或寻求额外的支持。** 出于对学生安全的考虑，老师要确保学生有专人陪同。老师要说明，在这段时间里，没有人应该独自一人，如果学生之间采取互助形式，可以减轻你的压力。

- **不要随意做出评估或诊断。** 这应该由受过适当培训的专业人员来做。与健康小组讨论一名学生时，只分享其行为变化和你可能观察到的其他任何情况。

- **不要在课堂上全程讨论自杀问题。** 尽管讨论自杀问题十分必要，但要点是要控制讨论时间占课堂时间的比例。一部分学生可能觉得有必要讨论自杀问题，但也有一些学生认为这更令人难受，因为每个人与死者或自杀话题的关联是不同的。要告诉学生，讨论只持续 5 ～ 10 分钟，其余时间则要集中在学习上。也可以增加时间在课堂上进行正念活动、心理健康检查或其他一些专注于自我关照的简短活动。

- **不要让学生沉浸于使用数字设备上网。**保证课堂上对数字设备的规定与过去一致。如果全班同学都在查看视频或社交媒体上的信息，就会错过这个互相联系的机会，而这次谈话既是一场疗愈体验，也是一个强有力的保护因素。

- **不要传播流言蜚语。**哪怕只是提到谣言，都会对已经遭受痛苦的家庭造成进一步的伤害。

请记住，在某些文化背景或特定情况下，可能需要修改这些谈话要点，以适应你所服务的人群。

当朋友或同学离世

如果学生说："我不相信会发生这种事。"

你可以这样回复："这太令人震惊了，而当我们得知某人离世时，震惊是很正常的。这体现出你的难以置信。我知道我很难集中精力，无法理解×××死亡背后的原因。我知道我的感受，但我也想知道你的想法。你对此有什么感受？"

| 帮助老师与班级对话的示例 |

在发生自杀事件后，你该如何陪伴自己和你的学生安然地度过一天呢？当你的头脑模糊不清时，你怎么能找到那个可能也在考虑加入死亡者行列的学生呢？

你该说什么或做什么？如果你都做错了，那会不会意味着还会有人死去？

要知道，沉默是没有用的，因为如果所有的成年人在自杀发生后都遮遮掩掩，学生就更有可能自杀。何况沉默就是我们这几十年来所做的事情，而它只起到了催化自杀的作用。自杀污名化不仅使人沉默，更会激起恐惧。否认自杀的存在反而会增加其魅力，批判则会催生更多自杀行为，而羞耻感正是滋生自杀的温床。谈论它是尴尬的、困难的和可怕的。但当我们说出来时，耻辱感就会失去力量，并最终消退，人们就更有可能寻求帮助。而这正是你可以为年轻一代做的事。你可以成为催化剂，开始关于自杀预防的重要对话，而且是从你班上有需要的学生开始，他们希望听到你作为一个人类而发声。

把关注点更多地放在已故学生生前的故事上，而非其死亡上。虽然你可能不知道这个孩子的情感经历，但你可以强调自杀和那些他人可能看不出来的问题之间的联系，如抑郁症或焦虑症（或者可能表现为行为问题或药物滥用）。简而言之，要以此为契机进行自杀预防教育。

请谨记

- 如果学生感觉不适，不要强迫他们与他人、哪怕同龄人分享自己的感受，也不要强迫他们大声说出来。
- 为学生提供其他能让他们私下分享自己感受的机会（如写在纸上、信里或做成艺术作品）。
- 评估你所在班级学生的情感成熟度。中学生可能还没有准备好接受其中的一些讨论，所以要根据你的听众来调整这些讨论。
- 建立一个公告板，上面有关于悲伤的常见感受和事实，可以作为告诉学生何为"正常"的实用指南。

讨论应包括的内容

- 让学生找出两个他们遇到问题时可以交谈的成年人，无论话题是否与自杀有关。

- 回忆逝者喜欢做什么及他们是怎样的人。
- 提醒学生不能将朋友的自杀想法作为秘密，而是要与值得信赖的成年人分享这些事。
- 提醒学生，自杀不是单一原因造成的，而是由一系列问题同时发生导致的。
- 提醒学生注意危机热线和学校资源。
- 传递希望的信息和应对策略，确定精神力量的来源。
- 自杀的想法是可以解决的，我们可以找到应对的方法。

分享关于逝者的故事的示例

发生在我们学校的事情让所有人都感到震惊，其中也包括我。这周我几乎无法入睡。你们呢？（寻找点头的人）而今天对我来说是艰难的一天，因为我对×××的死感到非常难过。

在我邀请你们开始活动之前，我要提醒大家，墙上就有危机热线。如果你有自杀的念头或任何其他情绪上的困难，如焦虑，我希望你能让我知道，或者告诉学校的老师、辅导人员和你的父母。如果你知道有人在痛苦中挣扎，你应该把这件事告诉一个值得信赖的成年人。

所以我想让那些认识×××的人分享一段有关他的记忆、一个简短的故事、他的性格特征、他喜欢做的一些事情，或者一些关于他的片段，以示纪念。如果你想把它写下来，我们可以一起写到笔记本里，然后把笔记本交给他的父母。一切出于自愿，好吗？我们将用大约10分钟来做这件事。听起来还可以吧？

提示：给那些愿意分享回忆的学生机会，让他们谈一谈已故的学生。

情感检查示例

我们将就 ×××的死进行5～10分钟的简短讨论，因为我们都很难过。我也很难过。要做到这一点，我们需要这里成为一个安全的空间。因此，我们将给予班上每个人表达自己感受的权利，无论在课内还是在课外都不会被评判，而且大家所说的话都会成为我们共同的秘密。我们能达成共识吗？（寻找点头的人）愤怒、悲伤、沮丧、无助、不信任，甚至尴尬和不恰当的幽默，都是我们当中一些人表达悲伤的方式。重要的是，我们要允许自己感受这些感觉，也允许自己分心，甚至笑出来。

在我邀请你们开始活动之前，我要提醒大家，墙上有危机热线。如果你有自杀的念头或任何其他情绪上的困难，如焦虑，我希望你能让我知道，或者告诉学校的老师、辅导人员和你的父母。如果你知道有人在痛苦中挣扎，你应该把这件事告诉一个值得信赖的成年人。

现在让我们围成一个大圈，轮流分享一下你们现在都有哪些情绪。如果你不愿意分享，就说"跳过"。只说一两个字就好。如果你感到悲伤也没关系。如果你生气也没关系。如果你在想一些与其他人所想的不同的事情也没关系。如果你对这一切感到厌倦也没关系。我可能会询问更多细节，但这取决于你是否愿意分享。同样，如果你不想分享，就说"跳过"。这不是强制性的分享。听起来还可以吧？

谈话要点

- 我听到你们中的许多人说，当你回顾过去时，你觉察到了一些你错过的迹象。那么我想问你，你现在知道了所有的答案、知道了结果、知道了一切。你认为你以现在受过更多死亡教育、知道结局的视角来回顾事件发生前的自己，这公平吗？

- 让我们想一想，略微改变生活习惯，比如说在街上走一圈或体温有变化，是否能迫使你的大脑脱离那种"要是我能……"的自我否定的循环。让我们讨论一些相应的应对策略（如写作、绘画、听音乐、运动、与家人 / 朋友共度时光）。

- 我们真的能控制另一个人的行为吗？

处理我们的悲伤的发言示例

自从 ××× 自杀身亡后，我一直没有睡好觉。我想如果我们所有人都能分享一些自己应对这一切和悲伤的方法，那会是一个好主意。因为也许你的一个想法会帮助我或其他人。也许我的想法也会帮到你。我们可以讨论 5 ～ 10 分钟吗？我认为这些策略也将适用于其他情况，所以这对每个人都会有帮助，即使你不太了解 ×××。因为无论我们对他的了解程度如何，我们都被他的死亡所影响。

来，大家花大约 2 分钟时间写下一些想法，然后我先说，谁想在我后面说？我非常想听听你们的想法，我会把这些写在白板上。一种好的应对策略是可以长期使用而不产生负面影响的。我希望你们知道，如果你不去感受它，就无法治愈它，而且所有的感受都是暂时的。你也可以笑，也可以分心，都没关系。那么，有什么好的应对策略来处理悲伤呢？你可以写作、创作艺术、跑步……你有 2 分钟时间来列出你能想到的最好的清单。

应对策略示例

- 寻求来自另一个人或团体的支持
- 写作
- 正念练习 / 冥想
- 睡眠
- 施行善举和回馈善意
- 锻炼身体

- 互相联系

- 找人倾诉

- 相互倾听

- 制作有创意的东西

- 谈论当事人 / 讲关于他的故事

- 拥抱信仰

- 呼吸练习

- 宽恕自己

- 自我关注（如与朋友相约骑自行车）

- 听音乐

- 写作或演奏音乐

- 为可能会感到难过的日子制订一个计划

- 与朋友交谈

- 加入一个心理健康小组

- 允许自己笑或玩乐

有时学生会说"购物疗法"是种好策略。请继续向他们提问，直到他们认识到随着时间的推移，这种策略可能会成为问题，因为他们把钱都花在了让自己感觉更好的东西上，导致没有钱吃饭。下课前再请他们想一想，他们会用这些策略中的哪一种来处理困难的情况，并想一想如果他们感到焦虑或就某个问题内心很挣扎时，他们会向哪两个值得信赖的成年人倾诉，校内和校外各一个。

如何回复悲伤的青少年

成年人在支持悲伤的青少年方面发挥着重要作用，但好心的成年人也会说一些对缓解失落感没有帮助的话。请不要试图让青少年振作起来，或者表现出哄小孩般的积极性，这可能会让对方觉得不真诚和不可亲近。相反，鼓励学生谈论他们的感受，如果他们想哭，可以给他们一盒纸巾，让他们哭。最重要的是倾听。下面的清单提供了一些要避免的短语和开启对话的相应替代建议，让老师能了解该学生是否需要更多的支持。

不要说：请不要哭（或不要伤心）！

而是说：告诉我更多关于你的感受。

不要说：我懂你的感受。

而是说：我知道我的感受，但失去亲人时你有什么样的感受？

不要说：你需要坚强。

而是说：在过去的几天里，你的感觉如何？

不要说：他现在正在一个更好的地方。

而是说：我知道你希望 ××× 在这里，告诉我一些关于 ××× 的事吧。

不要说：你应该专注于关于 ××× 的所有美好回忆。

而是说：××× 的什么品质让你把他当成你的好朋友？

不要说：你不应该责备自己。

而是说：我听到你说你认为自己有错，告诉我因为什么你会有这种感觉吧。

（然后问一些问题，如你认为你能控制另一个人的行为吗。）

不要说：一切都会好起来的。

而是说：听起来，你现在真的很悲伤。随着时间的推移，它会逐渐软化，但请告诉我你现在的感受。

不要说：凡事都有一线希望。

而是说：我看到你现在的情绪充分说明了你对 ××× 的关心。告诉我是什么让 ××× 如此特别。

学生自杀事件后的纪念活动和相关支持

由于青少年特别容易受自杀传染的影响，而且为了确定有意义且安全地承认丧失的方法，学校应该与已故学生的朋友见面，并与死者家属进行协调，以求在满足学生们的悲痛需要和控制自杀传染的风险中达到平衡，同时避免美化死亡。

确保对学生和家庭的文化需求保持敏感，并与学生一起确定一些有意义且安全的方法来承认丧失。学校应该遵循纪念政策，对所有的死亡都给予同等的尊重，而不要把绝望的死亡，如自杀，单独列为"可耻"的且不予承认。对模仿自杀或诉讼的恐惧往往是学校就这个问题发布禁言令的原因。这种情况的发生并非出于恶意，但它会进一步延续这些死亡原因带来的羞耻感，这可能使学校无法识别那些处在自杀风险中的人，而这些人通常只有在就这个问题进行深思熟虑和敏感的谈话时才会站出来。

通常情况下，一场效果最好的纪念活动应有学生和成年人共同参与。然而，由成年人提出的想法很可能只对他们有效，但对学生来说并非如此。学生可以选择一般来说更有意义和表现力的活动，从而对幸存者产生疗愈作用。规划活动是疗愈过程的一部分，请牢记第五章"与预防自杀相关的学校政策"中的有关内容。

就是说，你要把那些可以理解的无助、愤怒、悲伤、愤怒、困惑的感觉以某种方式引导出来，以便为社会带来正面影响。只要能把这些感觉培养成有益的东西，你就能将创伤后的压力转化为成长。

珍妮弗·汉密尔顿

由于学生现在会在社交媒体上纪念和追悼逝者，因此学校应该指定专人来监督这些网页，并寻找其他可能有困难的学生的迹象。与学生交谈，要求他们监督这些社交媒体上的情绪，以保护朋友们的健康和幸福，并要求他们向老师报告，这是监控那些状态可能不太好的学生的有效方法。这样做的目的不是为了监视学生，而是为了保持一定程度的公众意识。要求学生将任何令人担忧的、具有破坏性的评论、帖子（如自杀、杀人的意图或对死者的批评意见等）发给成年人，并提请他们注意。

学校事后干预工作的想法 / 清单示例

- 发起由学生主导的"贴便签"活动以示支持（便签上写"你很重要""你可以和我坐在一起"等）。
- 挂出用于互动的"感恩板"。
- 举行时长 1 小时的老师自杀预防研讨会（要体谅并敏感地认识到这可能会引发内疚感）。
- 张贴含有危机热线等资源的海报。
- 公告板上展示关于悲伤情绪的教育和故事。
- 布告栏、公告中提供有关管理悲伤和期望的提示。
- 描述未来几天及今后的日程安排和支持计划。
- 为那些关系亲密和需要更多支持的人，包括那些感到深受影响的人，举办有受过训练的成年人参与的小组会议。
- 举办由社区相关工作人员、辅导人员、受过培训的老师主持的课后讨论小组，为学生提供讨论他们如何应对悲伤的机会。
- 开展相关活动，向学生展示他们可以在哪里获得帮助。
- 向学生介绍抑郁症、焦虑症、饮食失调、物质滥用、自我伤害行为的迹象，以及他们能为朋友做些什么。
- 在集会后向学生发送电子邮件或信息，提供预防自杀或应对悲伤情绪的相关资源。
- 向家长发送带有提示的电子邮件或信息，以促进对悲伤的讨论。
- 与老师联系，让他们帮助识别可能有风险的学生。
- 让老师监测他们的同事是否有压力，并为员工提供自我关照技巧。
- 列出需要获得更多关注或咨询的学生名单，并确定与这些学生见面的咨询小组成员名单。

- 与学生合作，在规则范围内组织纪念活动。
- 让学生有机会在为逝者家属准备的笔记本上给去世的学生或教职员工写留言。
- 与逝者家属沟通家长与学生一起参加守灵或葬礼仪式的事宜。
- 向家长发送有关心理健康、悲伤、自杀和预防自杀的文章。
- 向家长发送电子邮件或信息，以解决家长对考试的担忧，重申维持日常结构和培养学生复原力的概念，尽管这并不寻常。
- 联系当地关于心理健康、创伤或哀伤的非营利组织。
- 辅导人员在学生放假回来后要及时告知学生去世的情况。
- 组织正念小组。
- 向所有学生发放资源卡，上面有自杀倾向的预警信号和报警电话。
- 向家长、学生和老师发送年终总结电子邮件或信息，提供心理健康有关的资源。
- 成立心理健康小组，并为其命名。
- 把一种正念活动融入课堂，使学生每周至少能接触两次。
- 每周一安排心理健康检查：5～10分钟。
- 组织关于应对悲伤的想法分享：5～10分钟。
- 取消周末功课，以减缓大家的压力。
- 开展学生健康调查，收集有关压力、睡眠、健康等方面的信息。

感谢珍妮弗·汉密尔顿，她分享了自己的后期干预清单及其他接受采访的老师和辅导人员的想法。

| 空桌椅综合征与自我关照 |

当暑假结束，我回到教室里时，我就坐在迈克尔自杀前坐过的桌子前。那是他的位置。我不确定我是否能再次回到那间教室。

德瑞斯

老师和其他教育工作者也不能免于自杀事件带来的悲痛。而且他们经常忙于与家长和学生联系，导致他们自己的需求没有得到满足。每个人，包括老师，都倾向于麻痹自己的感官，因为当人们遭受创伤时，自然想通过抓住让他们感觉良好的东西去逃避痛苦，即便它只是暂时的，如酒精、食物、赌博、疯狂购物等。正如我们所知，这些都并非良方，而麻痹情绪上的痛苦会阻碍疗愈的进行，并使人们无法走出悲伤。正因如此，获得支持对学生和教育工作者来说都很重要。在学生或老师自杀的重压和冲击下，无人可以幸免于难。而那些"可能""应该"和"如果"的设想也是这个过程的一部分。每个人都觉得自己有责任，这可能会导致所谓的连锁反应。随着时间的推移，理智会调和你的内疚，责备的声音会逐渐安静。你会明白，你无法控制另一个人。而曾经压倒性的内疚感会软化为令人痛苦的悔恨，而这也正提醒着你，你还有人性。

鉴于在过去5年中我经历了5名学生的死亡，其中3人是自杀，所以我自己也寻找过一些长期的悲伤支持。酗酒并非应对悲伤的良策。我选择了一个在线课程，并且正在使用正念和敲击策略来管理记忆，这很有帮助。

美国中西部一所公立高中的老师

你的痛苦能帮助你疗愈，而且你也能用健康的方式管理并努力克服它，即使这并不像吃冰激凌或喝酒那样有趣。互相支持和倾听并谈论悲伤，无论这些方法听起来有多简单，它们确实行之有效。写作也是有效的。我们还可以通过互助小组或辅导人员寻找额外的支持。

我们专门有一节内容是关于空桌椅综合征的，特别是针对那些在学生死亡后控制不住地盯着空座位的老师和学生。这是本书采访的每一名老师所提及的相当深刻的部分。虽然有这方面的准则——即在你重新分配座位之前的 5 天——许多人已经根据班级的需要调整了规则。最好不要把班级空间装饰得过于花哨，因为那会美化死亡，但还有其他方法来处理这种痛苦，不会让人觉得你在尽快地抹去记忆。

雷金纳德去世的那一年，他选了我教的十年级的两门课（世界历史与经济学）。他是个非常聪明的学生，表现出对知识的真正热忱和对事实的理解。他有时是名安静的学生，必要的时候会和同学们一起完成小组作业，但通常喜欢独自学习。春假的第一天，我接到管理部门的电话，通知我他在前一天晚上自杀身亡了。我感到十分痛苦、震惊和迷惑。之前我没有看到任何典型的迹象或警示显示他处于痛苦中，而我觉得我应该察觉到一些什么，但我没能及时发现。这种痛苦仍然困扰着我。没有什么可以帮助我为即将返校上课的学生和雷金纳德的空桌椅问题做准备。我向全班同学宣布了这个消息，当我向他们提供我所掌握的有限信息，并在讨论没有任何方式可以让自己感觉好一些时，我哭了起来。这个特殊的班级随后进行了公开讨论，并一致决定雷金纳德的桌椅在这一年里将保持原样。

我已经在同一所学校任教 21 年了。我的建议是，如果学校失去了一名学生，而且老师与学生已经建立了良好的关系，那就尊重学生们关于如何处理空桌椅的意见。在老师必须处理的所有事情中，空桌椅是迄今为止最难处理的。我在学生和家庭遭受丧失时安慰他们，这种回馈善意的行为对我的帮助最大。

尼格罗

希拉·麦克尔维与她的学生一起分享悲伤。他们的班级很小，所有学生之间都很亲密。班上一名女生去世后，希拉知道他们需要更多的疗愈，她自己也是如此。因此希拉设定了期望，那就是"不好也没关系"，并且每天对大家进行心理健康检查，她表示自己根本无法不盯着空桌椅，所以他们设计了另一种方式来应对。

鉴于这是一起自杀事件，我们仍然受到死亡事件后遗症的影响，即空桌椅综合征。我绝对不希望出现的就是空桌椅综合征。我们是一个由 13 人组成的先修课程班，彼此都非常了解。因此，当第二天这个班级的学生到校时，我们聚集在大厅外面，纪念她并讲述她的故事。我们挤在一起，互相拥抱，每个人都泪流满面。我们都分享了对宝拉的记忆，分享我们对她的喜爱。我说："今年我们将团结在一起，这一整年宝拉的精神都将在教室里与我们同在。我们刚才谈到的所有这些积极的精神并没有随她而去，我们对她的爱并没有消失。这就是你们要学习的事情之一，你们对她的爱会一直伴随你们。"我请求他们不要害怕我们与宝拉共享的空间。我告诉他们，我先以身作则，希望他们能跟我一起，我们都要坐在她的椅子上，如果他们能被深深地打动的话。

接着我们手拉手，排成一排。我说："有没有人愿意第一个跟着我？"她最亲密的朋友走了出来。我在宝拉的椅子上坐了 1 分钟，摸着她的桌子说："我爱你，宝拉。你的精神将永远留在这里。"然后她最好的朋友坐到那里，摸了摸桌子，并亲吻了它。每个人都轮流坐了一遍，也做了他们认为正确的事情，然后我们去了实验室。孩子们会说，"你知道吗，我记得我们什么时候做过这些事，或者做过那些事……"他们会回忆起一些事情，然后我们讨论这对我们来说是多么困难。但是，你知道，我们要向前看，我们要分享我们的经历，一开始我们每天都要拥抱彼此。因此，直到圣诞节假期前的每一天，我们课前都会相互拥抱、依偎。圣诞节假期之后，我们决定在每周五举行拥抱活动。春假过后，我们只在特殊情况下拥抱，如宝拉的生日那天。所以我把这项活动交给了孩子们，让他们来权衡。宝拉曾经存在于我们之中，我也试图允许她继续存在。学生们在这方面真的做得很好，他们进教室后我会说："今天谁要和宝拉坐在一起？"他们还轮流戴她的护目镜或实验室围裙，那是为她定制的，因为她的个子很娇小。当轮到班里最高的人穿上她的围裙时，我们都笑了。

希拉·麦克尔维

希拉知道她的班级需要什么，这与其他老师和班级所做的不同，因为他们很亲密，她尊重这一点，对生活该如何继续运用了正强化，同时融入了对宝拉的纪念，并承认她的班级需要更长时间来疗愈。

线上学习不存在空桌椅问题。挣扎的孩子在做出最后的行动之前往往会"幽灵化"，不开视频、不显示自己的照片，甚至完全不出现在课堂上。这会唤起老师和班级在自杀事件发生后的奇怪感觉，因为好像学生在自杀前就消失了，这会让大家觉得自己是有责任的，因为没有注意到异常或没有采取行动。对那些处在悲伤中的人来说，这种感觉就像关于那个孩子的记忆在他们还没有来得及拥抱并告别之前就被迅速抹去了。老师和学生都将这种体验描述为奇怪而阴森的，你可以承认这一点并与全班同学谈论它。

如果自杀发生在学校里，教育工作者或学生发现了尸体怎么办？在这种情况下，没有人应该觉得默默承受是一种"勇敢的做法"。因为没有人应该独自应对这件事。在这种情况下，任何人都应该与心理健康专家交谈，这应该是你所在学校应急预案的一部分，这样就不会在这个问题上出现推诿或争论。不论年龄，不论死因，发现尸体就是一种创伤。像校园自杀这样的危机事件往往会引发创伤后应激障碍，早期干预是最大限度地减少和应对自杀场景重复闪回的关键，有关这些场景的记忆会干扰睡眠、人际关系和整体功能，更会逼迫人们滥用药物来减轻闪回造成的冲击。

那个发现学生在教室里自杀的成年人在那个学年结束时离开了。对他来说，在那栋楼里待着真的很难受。因为看到那名学生走向了如此真实且具有毁灭性的结局，他受到了极大的创伤。

新英格兰某小型公立社区学校的一名老师

教育工作者事后干预措施总结

- 遵循事后干预工作应急预案。

- 最受该生喜爱的老师应该是给家人打电话表示哀悼的人之一，他们可以帮助父母理解披露死因对拯救生命和预防模仿自杀的意义。

- 尽可能地保持日常结构，因为即使你不遵循教学计划，一切也不会像往常一样。结构很重要。

- 为老师提供有关自杀和悲伤的谈话要点。

- 询问任课老师是否需要支持。

- 不要把孩子们送到无人看管的"哭泣室"及与陌生人待在一起，而是在学生愿意的情况下，护送他们到有他们认识的人的"安静室"去。如果他们愿意，允许他们在小组中与老师交谈，时间控制在 5 ~ 10 分钟。

- 尽可能提高警惕，及时发现有风险的学生，并鼓励同学们相互照应。

第十一章
危机后的生活将如何继续

如果我要选个短语来概括我的故事与我曾经历、忍受过的一切苦痛，那就是"最美的安排"。

一个年轻人在博客上的留言

那些割痕、至暗时刻和自杀企图是一个人的战争伤疤。这种痛苦是有意义的。事情发生的瞬间，这个意义往往并不清晰，但在之后的生活里它会成为某人的人生精美挂毯的一部分——他们曾经忍受、煎熬并活了下来，并且再次前行。当你观察一名学生疗愈的旅程时，你可以指出你所注意到的进步来鼓励这个过程，并且你已成为这个故事的一部分甚至它背后的灵感。虽然青少年企图自杀的人数增加了，但有自杀念头的人更有可能活下来。如果带着觉知与信心去干预，老师和学生完全能够将中学阶段的自杀成因的死亡排名降下来。

然而，有时我们拼尽全力也不足以让一些人活下来。正如一名高中校长所说，"我们绝不能放下防卫。如果一个孩子曾经面临过危险，我们务必时时保持警觉。"在这所高中，一名学生曾经在困境中挣扎，后来接受了学校老师的支持，走上了康复之路。然而，令他的父母和整个社区都无法想到的是，这个孩子突然自杀身亡。自杀干预通常是有效的，但是在少数案例中，康复中的复发状况也会让人结束生命，对每一个以为青少年已经走出危险地带的人来说，这令人心碎。即使如此，如果完全没有任何干预措施存在，我们很难想象一个孩子如何自己找到康复之路。我们不能因为害怕可能发生的状况就放弃干预措施。"本学年没有学生死亡"确实是个好消息，但这也不是人们喜欢看到的一个新闻标题。

长时间处于抑郁状态后突然感到平静与幸福可能是一个警告信号，也可能不是。这里的关键词是"突然"，虽然我们并不总是确定，但这里可能存在区别。从情感危机或自杀危机中康复需要时间，还可能会复发，而这一非线性的路径经常会和一种帮助他人的激情联合在一起。当你见证了点滴的改变，当你看到有人使用健康的应对策略甚至成为呼吁心理健康的领导者，你会感到学生们在用自己的伤痛疗愈自己与他人。很多时候，我们不能完全确定，但是我们必须学着为那些时刻而庆祝，不要把未来一直想象为世界末日，从而扼杀了我们的希望。

以下是一些从心理健康危机或自杀危机中康复的青少年的描述。

对我个人来说，我对心理健康感兴趣绝对是因为我自己经历过这方面的挣扎。另外，我们年级的一个女孩在高二时自杀了，这件事促成了我们这个心理健康团体的成立。然而，如果我自己没有相应的个人经历，那我也应该不会成立这个团体。我曾经过得很艰难，不过很明显那不是永久性的，就像我也不会从那之后就永久地幸福一样，但是变化发生了，我好起来了。从此之后，我非常确定自己未来要为心理健康事业做些事情。那个女孩自杀的时候，我意识到我能够以自己过往的经历来为此刻做更多的事情了。

德斯蒙德·赫茨海尔德

许多年前，我处于结束自己生命的危险中。现在回过头来看，我当然很高兴我坚持下来了，即使从那之后一直有伤痛伴随我的人生。我并不确定什么能够帮助人从那种感觉中活下来，但是我想象这样一个支持性社群意味着什么。

匿名

你好，我叫大卫（化名）。查尔斯和我是寄宿学校的同学。他总是照顾我，支持着我。有一天晚上在宿舍里，查尔斯和另一个人把我从自杀边缘救了回来。我出院之后，他一直陪伴着我，用他所有能用的时间。我只想说我非常难过，他是我遇到的人里最会照顾别人也最能支持别人的人。如果不是他，我已经不存在于这个世界了。我和我的家人都非常感激他。谢谢你。

大卫

18 岁，自杀幸存者

|青少年如何走出自我挫败的循环|

当年轻人被问到如何走出中学时期的黑暗岁月时，他们会谈到应对的策略和那些有意义的曾推着他们向前走的支持力量。无论如何，摆脱这段黑暗岁月并不容易。这需要坚持不懈、接受治疗，甚至药物治疗，还有值得信任的成年人，在学校里有一个安全的空间，以及学生和那些支持他们的人的大量工作。

博雷加德（Beauregard）家里是四个男孩和一个女孩，他排行老三。博雷加德在美国东部地区的一所非常传统的私立男校上学。他很爱自己的家庭，但是会把家人们描述为规规矩矩甚至严肃且质朴的人，尤其是他的妈妈。博雷加德承认，在他的情感世界里，他的家人从过去到现在一直是缺失的。刚上高中时，他意外地发现了自己的爸爸有婚外情。博雷加德向学校里的社会工作者寻求帮助，在他的许可下，他妈妈得知了这件事。自此，他父母的关系开始恶化，博雷加德又去寻求他的哥哥们的理解。哥哥们对他很愤怒，因为他将爸爸的婚外情说了出来，从此哥哥们疏远了他。博雷加德需要学校咨询师的帮助，高二时，他的咨询从爸爸的出轨转成了自己的性取向。

大约高一的时候，我开始对自己的性取向产生了疑问。对处在男校并且有兄长的我来说，那曾经是一段非常痛苦的经历。我逐渐产生了想加入一个小组的想法，那个小组是一个结盟的团体，可以讲诸如此类的事情。在过去的 100 年里，这所学校没有任何人出现性取向问题。在这所学校生存下去有太多的压力，例如，我们的形象，还有自己的兄弟也在这个地方而且还是运动健将。你应该能料到，那时我产生了身份危机。一切看起来都是那么虚假。

博雷加德

他对自己的身份越来越感到不适，于是开始大量选课，还以他的兄弟为榜样来改造自己。他将大量的时间投入对自己并没有什么好处的友谊中，直到一天下午，他精心伪装的生活彻底崩塌了。一次严重的惊恐发作引发了剧烈的情绪。他痛恨生活将要带领他去的方向，他再也不想存在于这个世界上了。那时，他又联系了已经与他建立了咨询关系的学校咨询师，告诉她自己的感受，咨询师就把他送入医院。博雷加德知道事情不能再这么下去了，即使他已经让自己像哥哥们和同学们一样生活了很久，同时他也在同盟小组里获得了亲密无间的友谊，自我憎恨与困惑最终演变成自在的生活。

那次住院之后，我知道一切必须改变。那是一个关键时刻，但也不是那种"噢，我好多了"的感觉。这是一段长长的旅程，至少是一整年的谈话和挣扎。好吧，我已经从中走出来了。当我第二年回到学校后，我记得班里组织了一次露营，晚上我们画出自己人生的时间线。我仍然记得我告诉大家那段住院经历给我什么样的感受——那是我人生中的重大一步。

是什么帮助博雷加德从自我憎恨走向自我接纳？

- 与学校里的成年人保持支持性的关系（学校咨询师）
- 一个与其他性少数群体共守的秘密同盟小组
- 跑步
- 音乐
- 拥有支持性的朋友
- 一名好的治疗师
- 在同盟小组中指导比其年轻的成员

奥罗拉·伍尔夫在纽约伊萨卡高中成立了学生心理健康团体，她从人际关系中寻求支持。

帮助我度过艰难时光的是我的朋友们。他们始终支持我，不管发生什么，他们一直都在。无论我的大学同学，还是我的支持系统中的朋友、老师、咨询师、家人，还有我的积极信念团体都是如此。跑步、爬山、编织、写日记、瑜伽、冥想，还有治疗等其他的应对机制。

是什么帮助了奥罗拉克服了抑郁症，找到了健康的情感状态？

- 朋友、老师、学校咨询师、家人
- 积极信念（她在伊萨卡高中成立的心理健康团体）
- 跑步和爬山
- 编织
- 写日记
- 瑜伽和冥想
- 治疗

德斯蒙德·赫茨海尔德，那个和好朋友一起在格里诺贵族学校创建了学生心理健康团体的创始人，分享了他曾经用来应对自己在初中和高中早期的抑郁症状所用的策略。

我曾经把自己的抑郁归咎于转学、学业压力、我的家庭，还有更多其他原因。最终，我意识到是我的习惯给自己的生命制造了黑暗。通过聚焦于改变自己的思维和行为方式，我慢慢地变成了一个对身边的问题做出积极反应的人。随着时间的流逝，这些新的习惯成为我默认的习惯，这给我的性格和信念带来了明显的改变。

德斯蒙德努力改变的习惯如下所示。

● 少一点完美主义，多一点自我关爱。

祝贺自己并在内心重复自爱的想法。

● 少一些竞争性和目标导向性。

少说关于竞争和成功的事情，多做自己喜欢的事情。

● 变得更自信、更自在。

我练习发言、说出自己心里的想法，练习耐受尴尬，并且不在乎他人怎么想。

● 多与朋友在一起。

我积极、主动地与他人交往，而且安排了比以往更多的时间。

● 分享我的感受。

我通过安排时间来练习分享内心的想法，如"今晚晚餐时，我要分享这一点……"

● 改善负性情绪。

每次发现自己被负性的想法占据时，就在内心练习并重复积极回应和最佳情景的想法，每天以想象自己感到兴奋的事情开始。

● 把时间花在我喜欢的活动上。

我慢慢地开始在每天、每周的日程里安排更多自己真正喜欢的事情。

● 更多的体育锻炼和户外运动。

我安排时间锻炼身体，越来越频繁地做一些积极的事情。

● 更多地想到他人。

我通过表达感激和施行善意来实践这一点。

● 改善睡眠。

我努力每晚在特定的时间上床，建立一个良好的睡前流程（包括与家人／朋友说说话，然后写积极的日记，再去睡觉）。当我难以入睡时，我还建立一套睡前流程。

● 承认盘旋不去的焦虑。

我进行冥想，遵守一个健康的睡前程序以获得更好的睡眠，一份"产生坏念头"时会分散我注意力的清单，同时也有一份我可以去找他们交谈的人的名单。

德斯蒙德提到前述列表作为最重要的策略让他可以改变自己的习惯，从而摆脱和管理抑郁，他承认在最黑暗和危险的时候，有一个计划来应对是非常重要的，这里包括给朋友打电话，或者拨打热线电话求助。而且，他还有能够分散注意力的活动，这是因为他明白驱动绝望的那些焦虑感是暂时的，这时他会去看最喜欢的电视节目、冥想、健身或做饭。心理上的技巧，包括表达感激之情、思考最佳的情况、回忆积极的时刻也很有帮助。德斯蒙德承认在很多的日子里抑郁像一团雾弥漫进他的生活里，扼杀他的积极动机。

我想指出的是，虽然这个策略列表看着很不错，但我在很多日子里仍然没有做任何我列出来要做的改变。我看着一天三餐来了又去、一堂堂课开始又结束，我的闹钟一个又一个地响起，然后都被我按掉，我瞪着我的小笔记本和我要做的"努力"，什么也没有做。抑郁是很艰难的事，难以想象的难。所以我最后一个建议是原谅自己。原谅自己会跌倒，原谅自己抑郁了，原谅自己无法前进。只要继续把快乐排在最前面，努力过就好。

德斯蒙德

德斯蒙德最大的遗憾是什么？没有早点向外求助。青少年们都会使用多种应对方式，不会只单独依赖一个。其中有四分之三的孩子至少有一个能够让他们信任的成年人，还有学校里的同伴支持小组，这些孩子会更快走出绝望。

忍受过生活中的悲剧确实会带来回报，伴随着能渡过艰辛时刻的能力，人们还会获得一种有所成就的自豪感。人们在面对每一次不幸的时候，最开始的震惊感都是相似的，随着经验的积累，恢复就变得越来越快。但是也别忘了，谦卑和沉默会成为伴随而来的副作用。如果生命中有一个值得信任的充满关爱的成年人，人们会在情感上变得强壮起来，就像在灌木丛中跌了个倒栽葱再爬起来，用绷带缠好伤口，然后继续前行。简单来说，我们忍受并努力克服的痛苦都是情感疗愈的基石。如果要学生们到达这样的境地，我们的老师需要拥有受过训练的眼睛和耳朵倾听他们，为他们提供一个联结和表达的空间，辨认出那些风险较高的孩子，并帮助他们寻找资源。最后，当学生们想在康复之旅中迈出下一步时，老师们要鼓励并支持他们，他们就能实现回馈这一目标。

人们总是问我为什么要做我现在所做的事。为什么我有能力日复一日地与有自杀倾向的学生一起工作？我告诉你为什么。因为有一天你会看到你帮助过的一个孩子，在经历过如此种种的人生后，走向了毕业典礼，然后给你寄来了这样的话。

杰西卡·契克-戈德曼

感谢我读高中的这几年你一直都在这里。如果没有你，我的这段经历不会变得更好。谢谢你把我带去治疗，时常询问我的情况，在我最需要的时候你会来帮助我。我现在学会了如何走出困境并变得更强大。我无法尽述我对你所带来的一切记忆与支持的感谢，从我的心底，感谢你给我的一切。我期待着未来再回来探望你。

一名高中毕业生的留言

第十二章
工作指南

以下是可以用来教育学生的一些资源，帮助你了解在特定场景下如何表达。

| 工作指南 1：如何告诉他人你想自杀 |

当你有自杀的想法时很难决定告诉谁，也不确定到底要说些什么。你甚至可能在想自己已经留下了那么多的线索，像霓虹灯牌一样闪烁着，却从没有人注意到。你可能因此感觉人们不关心你。然而，你头脑里想的明显的结论对他人并不一定也那么明显。他们可能没理解你想要说的内容，如果你能说清楚，就可以得到你应得到的帮助，那些爱你的人也因而可以把你长长久久地留在自己的人生里。我们来看看如何把自己的意思讲清楚吧。

如果读者是因自己的朋友有自杀想法而阅读这本书，那么感谢你的付出。请将这件事告诉一个你信任的成年人，以使你的朋友能够停留在安全地带。

你的恐惧

你打算将自己的自杀想法告诉的那个人会因此而被吓到吗？他会不会认为你

是软弱的或自私的？他会相信你说的话吗？他会觉得你是认真的吗？

这就是为什么你要选择一个合适的、可以信任的成年人来袒露心事（接下来会讲到如何选择合适的人）。如果他从一开始就不能理解，很可能是因为他无法相信你的生活已经如此糟糕，以至于你想结束自己的生命。他不能了解那些感受——它们无法停止、充满侵入性、可怕、真实和威胁着生命。这就是你为什么必须非常直接地袒露自己的心灵。

把自杀的想法分享给另一个人可能是一件令人害怕又很不舒服的事。但是，如果你不做这件事，你可能会死掉。在这个世界上还有许多日落美景等你欣赏，有会让你陷入爱河的人，还有需要你的人生故事来拯救的生命。

下定决心讲出来

你选择了要讲出来，你正在阅读。你可以为自己或朋友做到的。我知道你有这个勇气，因为你一直忍受且与这些想法作斗争。你已经成功地在一次次的挑战中生存下来，你知道这有多难。你做到了，现在你也可以做到。把这个想法告诉一个你信任的成年人，这是你请人来支持你拯救自己的生命的做法。

你可以告诉谁

选一个你信任的、有同情心的成年人。你所选的人应该具有以下特点：

- 不会评判你；
- 一个好的倾听者，不是只会说教的那种人；
- 不会私下乱讲或传播谣言；
- 富有同情心且思虑周全。

你所选的人可能是老师、学校咨询师、父母、阿姨、叔叔、医生、教练、治疗师、校医。如果你想告诉的这个人也与你一样是十几岁的少年，你需要与这个人一起告诉一个你信任的成年人。

你还可以拨打危机热线告诉一个陌生人。在纸上列出或在脑子里想 1～3 个你能告诉的人。然后承诺自己告诉所选择的那个人。

你怎么诉说这件事

很难决定到底说哪些内容。如果你告诉了他人，他们会不会认为你在开玩笑？这就是为什么你必须直截了当。这就是一次发自内心的谈话。

不要使用一些模糊的语言，如"我想伤害我自己"。你必须清楚、明白地表达自己的意思。因为和你谈话的那个人可能不会如此认真地对待这次谈话，但是这件事非常严肃。这是关于生与死的对话。

你可以这样说：

- 我有很重要的事要告诉你，我不是在开玩笑，你可以认真听我说吗？过去一段时间以来，我一直在想着自杀，我需要帮助。当自杀的想法冒出来时，我觉得我控制不了自己。我不能理解这些让我想去自杀的感觉，它们吓着我了。

这时，你可以加上自己的挣扎历程。敞开你的心，用你的心去诉说。你可以面谈、发短信、打电话，或者写一张纸条递给那个人，让他当场读出来。

那个人会有什么反应

你选的人可能会说："你的生活很好啊！"或"你不该这么想。"也许他这样说不对，但是你可以对他有点耐心。最开始的时候，人们可能会否认现实。

你所告诉的人可能会被吓到，因为这件事是如此严肃。但是一旦他们明白了这个信息，绝大多数人都会觉得被某人如此信任是一种荣誉。他们很感激自己能帮助你（如果他们帮不了你，甚至开始指责你，那就换你之前设想的其他人去诉说）。

除了对这个人说，你还可以拨打本地的危机热线。你还可以告诉另一个人。你可以让某人代表你告诉你所信任的那个成年人。如果你所告诉的第一个人理解不了这种情况，请千万不要放弃。

请求帮助是充满勇气的标志。在未来的某一天里，你的故事会成为另一个人的求生指导。

| 工作指南 2：学生心理健康状况调查 |

你可以从学校的计算机系统平台上把这个调查发给所有学生，这样有利于筛选出其中需要额外帮助的学生，以阻止自杀和不健康的应对策略。在发放调查问卷时，把危机热线和支持资源一并列上去。

感谢杰西卡·契克 - 戈德曼和约瑟夫·费奥拉（Joseph Feola）两位社会工作者为他们所服务的纽约公立高中曼哈顿史帝文森中学设计了以下两个学生心理健康调查问卷。

远程教育学生心理健康状况调查

在 1 到 5 分的范围里，你在家时感觉怎么样（抑郁、焦虑、孤独等）？
请在你选的分值上画圈：

1	2	3	4	5
最糟				最好

你目前正在接受心理健康服务吗？　是 / 否
你需要接受心理健康服务的引荐吗？　是 / 否

只有你所在学校的咨询师和 ××× 可以看到答案。问卷结果对学校的老师和其他学生均严格保密。

面授教育学生心理健康状况调查

在 1 到 5 分的范围里，你在家时感觉怎么样（抑郁、焦虑、孤独等）？
请在你选的分值上画圈：

1	2	3	4	5
最糟				最好

你目前正在接受心理健康服务吗？ 是 / 否

你需要接受心理健康服务的引荐吗？ 是 / 否

只有你所在学校的咨询师和 ××× 可以看到答案。问卷结果对学校的老师和其他学生均严格保密。

下面这个调查问卷由塔米·奥兹莱茵斯（Tammy Ozolins）研发。

中学生心理健康状况调查

选择题

1. 你在考试或小测验的时候会感到紧张吗？ 是 / 否

2. 当你结识新人或来到一个新的环境会感到紧张或焦虑吗？ 是 / 否

3. 你知道悲伤和抑郁的区别吗？ 是 / 否

4. 你知道"耻辱"这个词是什么意思吗？ 是 / 否

5. 你认识有心理疾病的人吗？ 是 / 否

｜工作指南 3：自杀预防小测试（是非题）｜

1. 问一个抑郁的人"你在考虑自杀吗？"本身就是危险的行为。

　　对　　　错

2. 一个受欢迎且学习成绩好的人不太可能死于自杀。

　　对　　　错

3. 想要自杀的人把自杀的想法告诉自己信任的一个成年人是很有勇气的一件事。

　　对　　　错

4. 那些威胁说要自杀或开玩笑说要自杀的人就是在吸引大家的注意力而已。

　　对　　　错

5. 如果有人告诉你他们在想自杀的事，还要求你对此保密，无论如何你都应该将此事告诉一个你信任的成年人。

　　对　　　错

6. 自杀是可以预防和干预的。

　　对　　　错

7. 想自杀的人通常看起来很悲伤。

　　对　　　错

8. 想自杀的人通常不会谈论这件事，也不会告诉任何人。

　　对　　　错

9. 被霸凌是导致人们自杀的原因。

　　对　　　错

10. 试图自杀或自杀身亡的人通常会先谈起自杀这件事。

　　对　　　错

11. 最后，在 1 到 10 分的范围里，1 分代表彻底绝望，10 分代表极其有希望，你现在感觉如何？

　　　　1　　2　　3　　4　　5　　6　　7　　8　　9　　10

彻底绝望　　　　　　　　　　　　　　　　　　极其有希望

工作指南 4：自杀预防小测试（答案要点）

1. 问一个抑郁的人"你在考虑自杀吗？"本身就是危险的行为。

　　对　　**错**

　　询问某人是否有自杀的念头绝对不会导致他们产生自杀想法。询问自杀念头可以成为帮助他们选择活下来的第一步。大部分有自杀倾向的人在被问到这个问题的时候都会感受到一种释然、解脱。这个结论已经被多项研究证明了。

2. 一个受欢迎且学习成绩好的人不太可能死于自杀。

　　对　　**错**

　　即使那些看上去"拥有一切"的人也可能感觉无助、绝望甚至自杀而亡。自杀不是一个弱点，它是对生命中重大的精神疾病、创伤、社会问题及与此同时发生的一系列生活方面的问题的一种反应，自杀的人通常会感到生活令人绝望。人们是可以学着解决这些问题的，那些曾一度感到绝望的人可以快乐、充实地过完一生，因为情绪只是暂时的，而生活一直在改变。

3. 想要自杀的人把自杀的想法告诉自己信任的一个成年人是很有勇气的一件事。

　　对　　**错**

　　一个人能做到的最勇敢的事之一就是能够向他人倾诉想自杀的想法。因为你并不知道对方会对此有何反应，也不知道对方可能会说些什么。每个感觉压力很大或挣扎于某个问题的人都应该想两个可以求助的、值得信任的成年人——校内和校外各一个。

4. 那些威胁说要自杀或开玩笑说要自杀的人就是在吸引大家的注意力而已。

　　对　　**错**

195

那些考虑自杀的人经常会给他们的绝望戴上一个微笑的面具。这就是为什么很难看着一个人就了解他的想法，这就是为什么你要问"你在考虑自杀吗"。

5. 如果有人告诉你他们想自杀，还要求你对此保密，无论如何你都应该将此事告诉一个你信任的成年人。

   对　　错

你可以承诺会非常慎重地对待这件事，但是绝对不能答应对方自己会守口如瓶。你的朋友会因此对你大发脾气吗？对方可能会很愤怒，但通常不会永远这样。拥有一个暴怒但还活着的朋友总比看着朋友死去要好。你可以这样说："我宁可你活着对我发怒，也不愿意失去你。我担心你、关心你，我希望你能懂我的心。如果你现在不懂，以后总有一天你会懂的。"

6. 自杀是可以预防和干预的。

   对　　错

现在已经有预防计划、治疗、药物和自我照顾指南可以对自杀进行干预。很多时候，自杀想法是抑郁症等心理疾病的一个症状。大多数人在接受了相关的治疗后，自杀的想法都可以减少或消除。

7. 想自杀的人通常看起来很悲伤。

   对　　**错**

这些人可能看起来很悲伤，也可能容易被激怒或带着愤怒的情绪，甚至也可能看上去很快乐。如果一个朋友说了或做了什么让你感觉有些事情不大对劲，你应该问对方："你是在考虑自杀吗？"然后，你可以带着同理心倾听对方的心声，并帮助他和一个值得信任的成年人取得联系。有时，人们突然开始喝得酩酊大醉、滥用药物等，或者做一些危险的事。即使这些人并没有宣称他们要自杀，但这些行为都说明有些事情不对劲。

8. 想自杀的人通常不会谈论这件事，也不会告诉任何人。

　　对　　　**错**

大多数有自杀念头的人都会被自己的想法吓到。他们想说出来，因为他们不明白大脑在对他们撒谎，让他们觉得自己毫无价值。

9. 被霸凌是导致人们自杀的原因。

　　对　　　**错**

死于自杀的人不是仅仅只因一个理由而选择自杀。通常，导致自杀的原因有很多，包括像抑郁症或创伤这样重大的心理问题。这是许多问题的综合结果，包括家族历史、健康因素，以及一个人所处的社会环境。霸凌是导致人自杀的原因之一，但绝对不是唯一原因。

10. 试图自杀或自杀身亡的人通常会先谈起自杀这件事。

　　对　　　**错**

是的，人们会以自己的方式谈起自杀。对当事人来说，那可能就像闪耀的霓虹灯，而且他们给外界留下了线索。但是大多数人不会识别这些线索，因为我们从来没有接受过关于自杀的教育。人们说"我再也不能做这件事了""这到底有什么用""这么过下去没有任何意义"。从这些语言或行动（如酗酒、药物滥用）中，大部分自杀者在实施自杀行为之前给身边的人留下了一些关于他们的计划的线索。

11. 最后，在 1 到 10 分的范围里，1 分代表彻底绝望，10 分代表极其有希望，你现在感觉如何？

　　　　1　　2　　3　　4　　5　　6　　7　　8　　9　　10

彻底绝望　　　　　　　　　　　　　　　　　极其有希望

| 工作指南 5：学生工作保密协议示例 |

感谢珍妮弗·汉密尔顿将这份政策性的文本分享出来。

×××（校名）的咨询师可以与你谈论任何你可能正在处理的问题。所有谈话均保密，除非我们认为存在安全隐患。例如，有人威胁你或伤害你，你表达出自杀的想法，或者你谈到伤害自己或他人。在这些情况下，你可以相信你的信息会被极其谨慎地处理，我们的目标一直是确保你得到相应的支持以保证你的人身安全和健康。

学生可以在保密的状态下谈论悲伤或焦虑的感觉，谈论个人信息等，不需要担心老师、家长、监护人、学校等其他方面知道谈话的内容。如果一名学生正在经历给自己带来高度压力的想法或感受，担心自己的信息是否会被保密而犹豫要不要找咨询师谈话，我们鼓励你分享任何你愿意谈论的部分。我们非常希望能够支持你，希望你发现谈论那些深刻的感受可以给你带来所需的更多的支持。

| 工作指南 6：教育工作者如何帮助丧亲的青少年 |

对青少年来说，保持常规和界线可以在不确定时期带来安全感。他们可能会尝试和挑战这些界线，但是最终大多数人会理解有人在关注他们，在照顾他们的生活，青少年会最终感到安心。他们也需要知道，身边的人可能会说错话，但通常都是出自一片爱心。

这部分可以用来教学：借这个机会我们可以教育孩子们不要歧视自杀的行为和念头。自杀不是犯罪，而是一个公共健康议题。适当的言辞包括如下内容。

- 死于自杀
- 结束了自己的生命
- 自杀身亡

帮助丧亲学生重返校园的计划清单

☐ 与授课老师讨论减轻学生的课业负担。

☐ 与学生的家人会面。

☐ 与学生本人谈论他们回到学校后如何回答同学们的询问。

☐ 制作一张出勤表（如可以要求学生在重返校园的前两周每天报到）。

☐ 与学生本人协调以选择一名学生来支持丧亲学生重返校园。

☐ 与学生本人和家庭协调以确认学生是否愿意在一个朋友或几个朋友的陪伴
　下走入校园。

☐ 明确学生本人可以信任的两个成年人（校内和校外各一人），这两个成年
　人应该是学生在各种快乐或难过的场景下都可以找他们谈心的人。

☐ 制订一个家长、老师、咨询师（你）与学生的沟通计划。

☐ 做好关于"难过的一天"的计划（有些特定的日子会比较艰难，如生日、
　节假日等）。

☐ 计划好过渡期学生如何报到（在最开始的几周或几个月里，一些青少年需
　要对自己的家庭例行报到）。

☐ 发给学生本人一份《中学生如何应对亲人自杀的承诺书》。

☐ 确定一个有成年人监控的安全场所作为学生排解压力的去处。

丧亲的学生想说些什么

在发达的社交媒体和无处不在的手机时代，亲人的死因很难保密。学校代表

或家长都可以帮助学生面对这个处境。无论他们打算在学校说出哪些信息，和学生本人讨论他们要如何面对同学的询问都是重要的。你也需要弄清楚这个家庭是否有特别的宗教或文化上的悼念习俗。

对最可能出现的问题提前准备好答案，如"发生了什么事"或"你的父亲/母亲/兄弟姐妹是怎么死的"。你可以自己决定如何回答这些问题（避免描述最后的场景、自杀方法及使用歧视和负面的语言）。

- 我的父亲自杀身亡了。
- 我的母亲结束了她的生命。
- 我的兄弟死于自杀。
- 我的父亲死于抑郁症。
- 我的姐姐上星期去世了，我现在只想说这么多。
- 不好意思，我一点儿也不想谈这件事。

当情况艰难时可以使用的头脑风暴工具

☐ 这名学生可以使用什么样的应对策略？

☐ 在校园中确认可以寻求庇护的场所，包括医务室、学校咨询师的办公室、图书馆或其他有监管的安静场所。

☐ 写作或创作（博客、日记、音乐、诗、给逝者的信等）。

☐ 其他创作型表达（艺术、绘画）。

☐ 体育锻炼（在极端情况下剧烈运动很有用）。

☐ 对身体进行降温（如用冷水洗脸、喝冰水、冰敷）。

☐ 听音乐。

☐ 练习正念。

☐ 讲出自己的难受。

☐ 支持性的团体咨询或个人咨询。

☐ 制作相册等纪念品，在社交媒体上发布纪念的照片。

|工作指南 7：中学生如何应对亲人自杀|

承诺书

即使我现在还不确定到底如何做，但我一定会活下来。即使现在很糟糕，但也不会比接到消息的那一刻更糟糕。我能从那一刻活下来，就可以在任何情况下活下来。

1. 作为一个悲伤的人，我知道朋友们害怕在我面前说错话。但是我理解，无论朋友说什么，即使说得不对，也是来自对我的爱。如果我处在他们的位置，我可能也不知道到底该怎样说才是正确的。

2. 面对那些言辞刻薄的人，我会做一个深呼吸，然后思考那些人的生活中发生了什么让他们对他人的痛苦如此麻木。我会向更稳定、更支持我的人寻求支持。

3. 我也理解，没有经历过这种丧失的人有自己的局限。他们并不能完全理解我的痛苦，他们在我痛苦时陪伴我的能力也因人而异，因此我会从亲密的朋友、团体或咨询师那里寻求更多的支持，因为我不应该独自处于哀伤的状态。

4. 我会帮助我的朋友、学校里的同学、老师弄清楚他们应该如何帮助我，因为他们想知道自己该做些什么并且他们无法读懂我头脑中的想法。

5. 我会尊重我的家人在哀伤中的感受，而不是试图藏起我的感受，因为家人们不希望我这么做，我也不希望他们藏起自己的感受。我们需要一起度过这段时光，我们需要谈论我们所失去的亲人。

6. 我明白我的悲痛是有意义的，所有这些悲痛的时刻都通向情感的疗愈。我可以允许自己感到悲伤，否认和拒绝只会让一切变得更糟糕。

7. 我不允许有人用我的伤痛来羞辱我，仅仅因为我恢复得没有他们想象得那么快。这个过程需要多长时间都可以。

8. 我会想出两个值得信任并可以诉说自己悲痛的成年人，校内和校外各一人。

如果我挣扎于自杀的想法，我会去找其中一个值得信任的成年人，告诉他我需要帮助。

9. 我并不总是知道我所爱的人到底为什么自杀，我会尽量学习更多关于自杀的知识帮助自己理解。

朋友和家人会挣扎于以下几点

- 是否要谈起死去的那个人或提到死亡的原因。爱你的人认为谈及那个已经逝去的人是一种"提醒"，可能会让情况更糟，但是你永远无法忘记。

- 带着同理心去倾听。朋友和家人无法修复你的伤痛，因而他们会感到非常挫败。他们可能会试着说点儿鼓励的话。

- 感觉不适。任何人在经历亲人自杀时都会感觉不知所措，无论亲友还是家人，自杀这件事都令人难以承受。和一个丧亲的人坐在一起会令人感到难堪、不适，害怕说错话的感觉让人无法行动。与其他类型的死亡不同，人们很容易对自杀而亡的死因窃窃私语。

你可以自己决定怎么回答"发生了什么事"或"你的父亲／母亲／兄弟姐妹是怎么死的"这样的问题。先对这些问题的回答进行练习。

- 我的父亲自杀身亡了。
- 我的母亲结束了她的生命。
- 我的兄弟死于自杀。
- 我的父亲死于抑郁症。
- 我的姐姐上星期去世了，我现在只想说这么多。
- 不好意思，我一点儿也不想谈这件事。

选择一个在你重返校园之前可以与其分享你的愿望的朋友来作为使者。这名学生会与其他同学、朋友、老师沟通你想说或不想谈的关于这次死亡的事。

选择一个朋友，也可以请老师或学校咨询师来为你选一个人。在学校里你想和谁分享你的愿望？选一个人就好，其他人可以作为备选。

_____

_____

_____

我希望在以下方面获得帮助

☐ 完成作业。

☐ 减轻课业负担，因为目前很难专心听课或做作业。

☐ 去学校。

☐ 放学后回家。

☐ 重返学校的第一天或第一周，我希望有一个朋友或一群朋友陪着我去学校。

☐ 我想得到朋友们的电话或短信问候。

☐ 其他让我感到担心的事情_____

细节

☐ 我希望家人和朋友们知道_____

☐ 我想聊起逝去的人。

☐ 我需要一些个人空间。

☐ 我只想和亲近的朋友接触。

☐ 我可以承受他人对我说他们对我的遭遇感到遗憾。

☐ 即使我可能不去参加各种活动，我仍然希望能够被邀请。如果我那天感觉
　 不舒服，可能会在最后一刻决定取消行程，或者只去一会儿。

如果我感觉很难受，我可以做以下事情

☐ 给家人、好友等亲密的人打电话。

☐ 与学校里的某个人交谈。

☐ 离开课堂，去学校里一个安静的地方待一会儿，如医务室、咨询师的办公

室、图书馆等。

☐ 写作、画画或听音乐。

☐ 我现在不想谈论的事情（随着时间的推移，以后可能会发生变化）

_____

☐ 我现在想谈论的事情（随着时间的推移，以后可能会发生变化）

_____

☐ 我不想在这些地方谈论我丧亲的事（随着时间的推移，以后可能会发生变化）

_____

我不想在这些地方谈论我丧亲的事（多选）

☐ 课堂

☐ 走廊

☐ 大型集会

☐ 午餐

☐ 私下

其他 _____

那些因自杀而丧亲的人往往也会有自杀的念头。如果你遇到这样的情况，联系你信任的两个成年人之一。

┃工作指南 8：应对策略与心理韧性建设游戏┃

约半小时时间，根据班级人数可能有变化。

需准备的材料：

1. 便利贴（彩色便利贴可以带来有趣的视觉效果）、马克笔；

2. 一面墙；

3. 黑板或白板（老师可以进行书写）；

将马克笔和便利贴放在前面的一张桌子上。

开始谈话

1. 最开始需要和房间里的所有人达成协议，每个人都承诺对整个游戏过程保密。每个人的问题、所挣扎的部分还有疗愈的途径都要受到保护。游戏的目的是让他人感觉到被支持、受到尊重和理解。学生们可以告诉他人自己是如何处理类似的问题的。

2. 以一个故事开头。这个故事应该是你或你认识的人，或者之前的学生如何度过一段危机并且现在过得很好。

让学生分辨不健康的应对策略

- 给学生几分钟的时间在纸上列出不健康的应对策略，并让他们思考"长期使用这一策略到底对自己有帮助还是有害"。

- 带领学生就此展开讨论。在黑板或白板上将健康的和不健康的应对策略分别列出来。从不健康的策略开始讨论。你可以扩展一些想法，将相似的答案合成一组，并鼓励对话和给出示例。

- 让学生说出他们的不健康应对策略。如果你知道一种应对策略从长期来看是不健康的，那就不断地问他们问题。例如，如果一个人认为通过吃冰激凌来应对焦虑是健康的策略，就问他们"如果你每天都需要吃很多冰激凌来应对一个问题以让自己好受一些，这会导致什么结果"。让学生随着回答问题自行发现其中的联系，通常小组最终会把应对策略正确地分到相应的栏中。

让学生分辨健康的应对策略

接下来，让学生花一两分钟时间用与刚才一样的格式列出健康的应对策略。这里举出一些不健康和健康应对策略的例子供读者参考（见表 12.1）。

表 12.1　不健康和健康应对策略示例

不健康的应对策略	健康的应对策略
自伤 / 自残	写作
饮酒	冥想
滥用药物	听音乐
自我攻击	锻炼身体
过度消费	阅读
赌博	玩拼图或做游戏
自我隔离	散步
霸凌	参加心理健康团体
回避	钓鱼
暴食	园艺
滥交	和朋友交流
抽烟	到户外放松
逃避	做自己喜欢的事
—	艺术创作

这项活动的目标是让学生们分清哪些应对策略是健康的，哪些是不健康的。

关于健康和不健康应对策略的谈话要点

1. 如果你不去感受，也就无从疗愈。

2. 你不能控制事情的发生，但是你可以控制自己如何应对。

3. 借助酒、烟等来"解决问题"只不过是在麻木伤痛，它会剥夺你发展出健康应对策略的能力。

学生曾经遇到的问题

1. 让学生走上讲台写下一个自己曾经应对过的问题。

2. 给学生讲一些真实的案例：父母坐牢，亲人离婚，亲人逝世，口吃或考前焦虑，霸凌，感到被排挤，被凌辱，个人形象议题，抑郁，双相障碍，家人患癌症，等等。

3. 让学生在便利贴上写下自己的议题，每人最多写两个，每张便利贴写一个议题。

4. 让学生们把自己的议题贴在墙上。

5. 当他们把便利贴都贴在墙上之后，停下来欣赏一下贴满便利贴的墙面，学生就可以真切地感受到他们并不孤单，这比他人说出来要有力得多。

6. 开始读其中一些便利贴上的内容，说一些诸如"噢，我看到有人的父亲在监狱，另外两个人遭受过霸凌，还有好几个人对学业和社交感到焦虑"。

7. 转向全班同学并询问"你们是否知道你们的同学曾经经历过这么大的挑战？你们了解周围同学的这一部分吗？"

通常，学生们对这一状况感到震惊。问他们对此感觉如何，问他们对这个练习的感觉是什么。这是否让学生更加意识到他人的存在？我们是否可以假设，当有人看上去对你很愤怒的时候，他们实际上是挣扎于自己的问题？你可以如何来帮助一个朋友呢（倾听、告诉一个可信任的成年人）？

在粘贴问题环节的谈话要点

1. 如果你不去感受，也就无从疗愈。
2. 你不能控制事情的发生，但是你可以控制自己如何应对。
3. 感觉既不是永久的，也不是一场危机，事情一直在变化。
4. 他人如何对待你通常不具有针对性，而是他们自己所经历的事情的结果。
5. 离开会对你产生有害压力的环境（如来自家人的虐待）。

6. 经历问题会使你更强大。

7. 寻求帮助不是软弱的表现，而是力量的象征。

8. 确认并告诉一个可信任的成年人。

9. 选择对自己有效的健康的应对策略。

练习结束之前或下课之前

1. 向整个班级提问，同学们认为有哪些健康的应对策略可以帮助自己，看看是否有人愿意回答他们愿意尝试哪种策略。

2. 同学们可以在任何时间与一名专业的咨询师在保密的情况下聊任何事。同时也向大家介绍校内的资源。

3. 让每个人想出两个可以信任的成年人，校内和校外各一人。"他们是你需要支持的时候可以求助的人，并不仅仅是自杀的情况。他们可能无法解决问题，但是他们可以听你诉说，他们也可能会有办法。"

｜工作指南 9：应对技术工作指南｜

1. 回想一个过去你曾经遇到过的困难。无论什么困难，回想你是如何走出来的。你是怎么做到的？你用了哪些应对策略？

_____

_____

_____

2. 说明下列应对困难情感处境的策略是不健康的还是健康的。不健康的策略通常在长期使用后会对你的健康和整体生活有负面影响。健康的策略是从长期来看对你有益的。

应对策略

U= 不健康　H= 健康。在每句话下面标注 U 或 H。

（1）使用烟或酒精来麻木伤痛、放松

_____

（2）把你的想法和感受写在日记或博客里

_____

（3）听音乐

_____

（4）吃很多冰激凌或其他食物

_____

（5）对一个朋友或值得信任的成年人讲述自己的遭遇或想法

_____

（6）自伤

_____

（7）创作艺术作品或参与其他创作型的活动

_____

（8）疯狂购物

_____

（9）体育锻炼

_____

（10）自责

_____

（11）钓鱼、登山、宿营或其他户外运动

（12）回避家人和朋友，自我隔离

｜工作指南 10：你的激情是什么｜

1. 如果无论你做什么都保证会成功的，你会选择做什么？

2. 在孩提时代，你最喜欢做什么？

3. 我在

的时候感到最幸福。

4. 你最喜欢谈论的话题是什么，那种你可以谈论好几个小时的话题？

5. 当人们寻求你的意见或建议时，他们通常问哪些事情？

6. 当你上网或在书店时，哪些内容让你停下来想要读更多？

7. 你为什么喜欢帮助他人？

_____

_____

8. 有没有什么学校作业让你全情投入？如果有，是什么？

_____

_____

9. 你最欣赏谁？为什么？名人或普通人都可以。

_____

_____

10. 大多数人不知道你最喜欢做的事情是什么？

_____

_____

| 工作指南 11：学生心理健康活动日程示例 |

☐ 自制食物并售卖
- 日期 / 时间：
- 赚到的钱数：
- 用时：5 小时

☐ 在社区为一个青少年心理健康活动服务
- 日期 / 时间：
- 用时：5 小时

☐ 期中考试策略讨论
- 日期 / 时间：

- 用时：5 小时

□ 健康俱乐部集市

- 日期 / 时间：
- 用时：5 小时

□ 心理健康周

- 日期 / 时间：
- 用时：25 小时
- 一般情况：
- 自杀信号介绍
- 与图书馆一起推荐特定的书籍

感谢德斯蒙德和奥罗拉分享他们举办的心理健康活动。

| 工作指南 12：如何回答认为消息被隐瞒的学生的提问 |

　　家长之一或所有家人都可能会不同意披露孩子自杀死亡的消息。当其他学生指责你和学校不透露消息或在学生自杀这件事上说谎时，你该如何做反应呢？你虽然不能透露任何关于死亡学生的信息，但你可以在教室里进行一些非常必要的对话。

　　老师可以这样回应：

　　学校已经与死者的父母取得联系，他们并不承认自己的儿子的死因，我们必须尊重他们的意愿。这是一个隐私问题，但并不代表我们不能在班级里进行一场关于自杀的讨论，因为这个话题已经出现在我们面前了，这是一次重要的讨论。所以，听完我的话，你们现在怎么想？如果你们认为他确实死于自杀，这会改变你们的反应吗？

|工作指南 13：请求父母同意披露学生自杀死亡的示例|

以下提供一个示例，可作为与父母沟通的起点。

示例

我深深地为您女儿的死讯感到难过。谨此向您表达学校与我个人深切、诚挚的哀悼。我们可以做些什么来支持您？是否可以告知我们，您需要哪些资源？我知道这是一个艰难的时刻，但我不得不向您询问一个重要的问题。我们听说这是一起自杀事件。如果这是真的，我们同样不希望看到其他青少年认为自杀是解决问题的可行方式。您是否允许我们透露孩子的死因，以预防未来失去更多生命？我们这样做是因为，与学生们展开谨慎、尊重的谈话和教育可以鼓励其他挣扎于自杀念头的学生寻求帮助。另一方面，保持沉默意味着这些学生不太可能站出来，因而将自己置身于更高的风险中。您可以想到，无论什么时候，一名青少年的早逝会引起同学们对死因的询问。有了家属的许可，我们可以遵循惯例向社区告知这一消息，我们不想对您孩子的去世进行区别对待。沉默暗示着羞愧，而我们想要确定学生们可以理解，面对心理健康的挑战没有任何需要感到羞愧之处。自杀对青年人是一个严肃的公众健康威胁，我们希望尽力支持那些受到困扰的人们得到他们所需要的资源与服务。感谢您的坦诚。我们将一如既往地对您的家庭提供支持。

示例审稿人：吉姆·麦考利、珍妮弗·汉密尔顿

事后介入走访建议

下列指导原则由吉姆·麦考利提供。

● 我们提供的示例是学校工作人员亲身到访的谈话稿，既不是信件也不是电子邮件。如果学校工作人员不能亲自前往，第二种选择是打电话。

- 得到消息后，至少包括一名学校管理者在内的两名学校工作人员应该立刻走访丧子家庭。学校管理者可以是校长，与一名该家庭熟悉的学校工作人员，如关系好的老师或球队教练。学校管理者在收到学生的死亡消息后立刻去家访并不是一件常见的事，但是不做就相当于犯了一个错误。学校管理者可能已经从律师那里得到信息，家属有可能起诉学校。但是如果不及时走访，只会增加怨恨和敌意（如果已经存在的话）。
- 在有些情况下，这个家庭可能有过投诉校园霸凌或其他问题的历史，我们仍然推荐学校管理者与老师家访。他们可能会狠狠地把你们关在门外，但是家属不会对媒体讲"从未从学校那里得到任何信息"。

| 工作指南 14：如何讲述你的故事 |

以下准则适用于你写作并讲述自己的心理健康、创伤、自杀尝试等故事并与学生们进行公开分享。这套准则在实践中取得过很好的效果，你可以聚焦于这些准则来叙述包括自杀经历在内的故事，从而使所创作的故事可以公开与学生分享。

- 描述你是谁、做什么工作及一些个人特点。
- 分享你的危机经历。在你得到帮助之前发生了什么事？除了你得到的帮助，还有什么可以在那时帮到你？这个步骤很重要，因为它说明了在危机时刻外界支持的重要性，而且讲述了其他人可以使用的资源和采取的行动。
- 分享你恢复的经历。这段经历从哪些方面使你变得更好？什么样的支持帮助了你？分享你是如何恢复的，将你的希望带给大家。
- 分享资源。每个讲述自杀或心理问题的人都应该在讲述开始的时候就鼓励听众获取支持性的资源，可以呈现在幻灯片上，也可以在现场发放小卡片宣传求帮助的行为。

讲述自己的故事之后

- 准备好其他人有可能会来找你，给你讲他们的故事。
- 准备好资源信息或给大家指明资源列表。
- 如果你觉得负担有些重，就好好照顾自己，可以使用自己的支持网。

（ Source: Storytelling for Suicide Prevention Checklist: SuicidePreventionLifeline.org/storytelling-for-suicide-prevention-checklist, Suicide Prevention Lifeline and Vibrant Emotional Health. ）

故事讲述指南

　　讲述者在讲述自杀、尝试自杀或涉及相关主题时需要避免提及具体的细节，而应包括以下主题。

困难
你的故事

帮助
是什么帮助你走出了危机

疗愈
你是如何疗愈自己的

希望
是什么给了你希望

苏斯式写作风格创作的剧本：以引人入胜的形式传达严肃的信息

接下来五首诗歌或剧本充满了生机勃勃的力量，有趣的韵律让人想起苏斯（Seuss，20 世纪最卓越的儿童文学家、教育家）博士的系列童书。他的作品在初中生中深受欢迎，高中生也很喜欢。他的作品以充满童趣和轻快的口吻传递了严肃的信息。

当安妮·莫斯·罗杰斯对中学生演讲时，她经常在开始讲座之前请求老师们选择一名或一组学生，在讲座中朗读以下诗歌中的一篇或两篇。有些青少年在表演时，甚至还戴了帽子和领结装扮成苏斯博士。这些诗歌曾在学校晨会中被朗读，曾在心理健康舞台剧或短片中被使用，还曾被打印出来贴在教室里。你和你的学生心理健康团体希望怎么使用它们呢？学生们会有什么好主意呢？他们是否愿意以相似的风格进行写作来传递如此重要的信息呢？

| 工作指南 15：霸凌者不是你的领导 |

有个女孩告诉你一切到此为止
然后随便一个人也说了同样的话
还有一个人写了一些刻薄的话
你感到自己毫无价值
这个家伙是谁
那个女孩是谁
他们怎么可以说得如此轻巧
这太令人悲伤了
他们感觉很糟糕
他们能做的就是
找你的麻烦
他们没有任何权力告诉你该做什么

他们不是你的领导
走你自己的路
关掉手机
自己指着自己选择的方向
你有很多地方要去
你有许多日落要欣赏
你没时间与那些人荒唐地闲扯
答案永远都不是结束自己的生命
你有太多要给予这个世界
这世上只有一个你，再没有第二个、第三个
做你力所能及的一切

| 工作指南 16：跟禁忌说再见 |

这是禁忌

最高机密

嘘

塞到地垫儿下

用羞耻包裹住它

为什么我们对抑郁如此紧张

大脑里发生的事

我们用消毒剂掩饰

它仅仅是一种疾病

我们能够搞定

但是我们称它是软弱的表现

这真是冷漠的观点

你不能把它带上飞机

盒子里

火车上

因病而羞耻的观点必须被抛弃

被彻底踩碎

被彻底放弃

走出包裹你的盒子

拿出全部的勇气说

这个公众歧视糟糕透顶

它根本不应该再继续

我请求你

你

还有你

一起来阻止对心理问题的歧视

| 工作指南 17：倾听你的同伴 |

如果你有一个朋友

每天都会感到受伤害的朋友

好像无法把糟糕的念头

及时阻止

可能他用小刀划伤自己

催吐

暴食

吸烟

感到焦虑或情绪化

连声招呼都不打

你不能就这么放过他

或者直接说再见

这可不行

这是你的任务

所以用你的耳朵倾听

用你的直觉判断

停下来问一下

我能帮你做点什么吗

你不需要解决这个问题

但是你可以伸出援手

找到一个值得信任的成年人

让真相浮现

你们可以一起做这件事

因为这是你的朋友

因为你不想让他们的生命结束

我请求你

你

还有你

谈论抑郁与自杀

这世上只有一个你

再没有第二个、第三个

做你力所能及的一切

｜工作指南 18：我坚决支持你｜

你的生活悠然快乐

愉悦平常

突然有一天

你的狗被汽车撞了

一个朋友背叛了你

这些想法涌进来

它们嘲笑你、压迫你

它们让你的大脑想

你毫无价值

这时，你的心理韧性出现了

它能帮助你回归正常

它在内心深处的一个地方

是我们平时没有动用的内心宝藏

当人们嘲笑你

露出无情又残酷的样子

你需要重组自己的信念

坚定地让自己生根

从你内心最深处开始

包含你的全身力量

力量从脚趾一路上升到鼻尖

一直到达你的大脑

当它到达的时候

你拥有了勇气

开始战斗

进取心指数级增长

站起来，冲

让它由你的内心而生

反击

取得胜利

因为一切糟糕的事情

终将使我们更强大

｜工作指南 19：别犹豫，大声说出来｜

我们不与他人谈论自杀

不与邻居谈

不与朋友谈

不与父母谈

没什么比这两个字更能激发内心的

恐惧

每个人都不想沾染

在这上面不花费任何时间

只能使自杀率攀升

早晨不行

晚上也不行

放假的时候不行

聚会的时候也不行

在飞机上不行

在火车上不行

在小汽车里不行

在公交车上更不行

跑步的时候不行

坐下来也不行

在盒子里不行

在房子里也不行

那什么时候才行

现在

可不可以

讲出来可以拯救生命

拯救青少年

拯救孩子们

所以约个时间谈谈它

不要躲避

做自己

拿出勇气并讲出来

我请求你

你

还有你

一起谈谈抑郁与自杀的话题